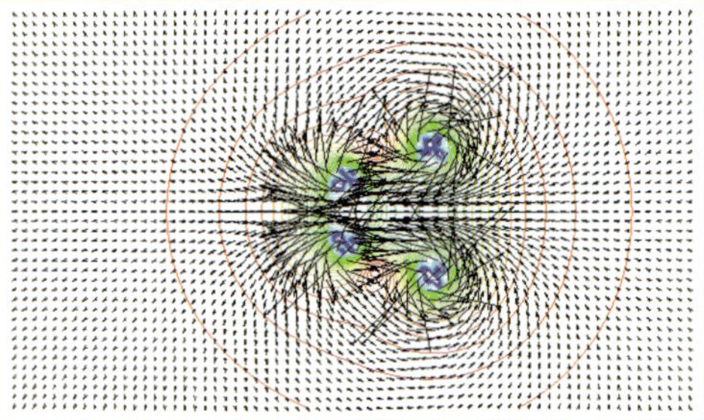

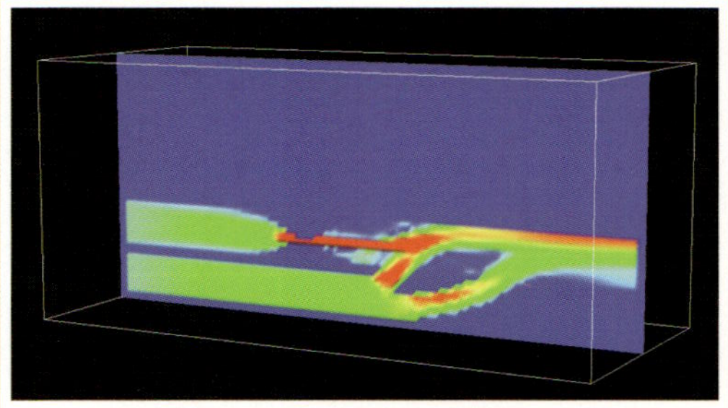

研究例 3　複雑血管内の流れ
（ある断面内の圧力分布）

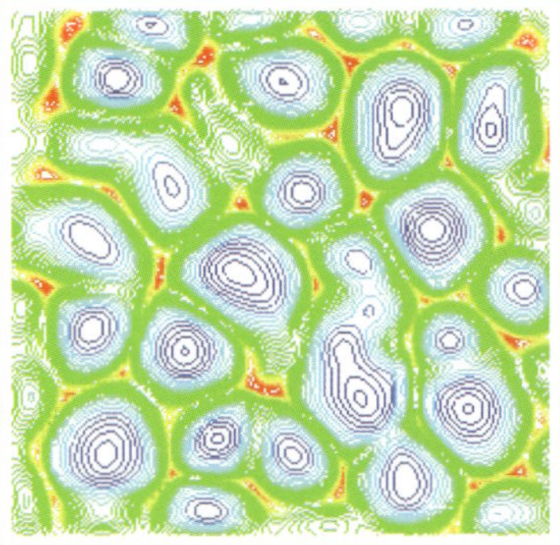

研究例 2　生物対流
（表面における生物密度の等値線）

研究例 1　4 個の渦糸
（速度ベクトルとその絶対値の等値線）

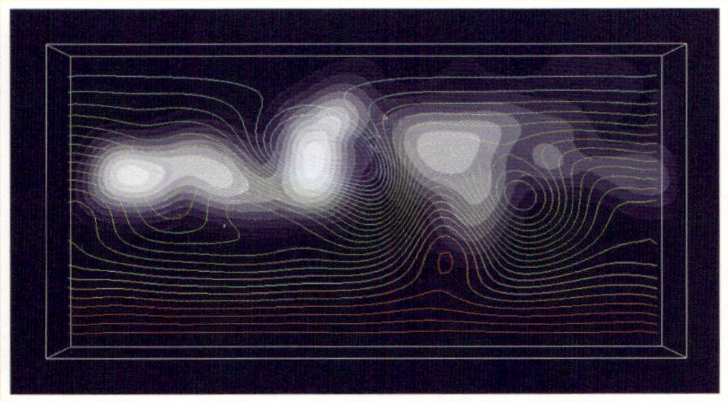

研究例 5　温帯低気圧のモデル
（雲と地表面付近の等圧線）

研究例 4　木星の大気
（大気上端の温度分布）

付録 1 の研究例に対し，各研究の代表的な結果をカラー表示した図である．表示されているものはそれぞれの図の説明に記されたとおりである．研究例 1 では，青い等高線が速度の絶対値が大きい（低圧部）．研究例 2 では青く見える部分が生物密度が小さく，研究例 3 では赤く見える部分が高圧部である．研究例 4 では青っぽく見える部分が低温であり，研究例 5 では白い部分が雲，等圧線の閉じた部分が低気圧や高気圧である．

1

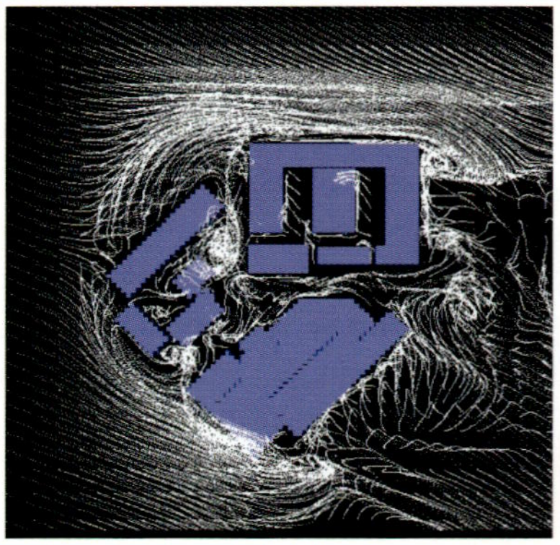

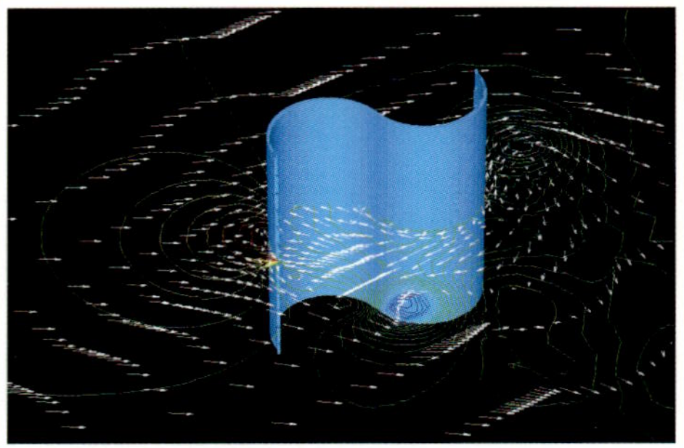

研究例 8 S字型風車
(中央断面内の速度と圧力分布)

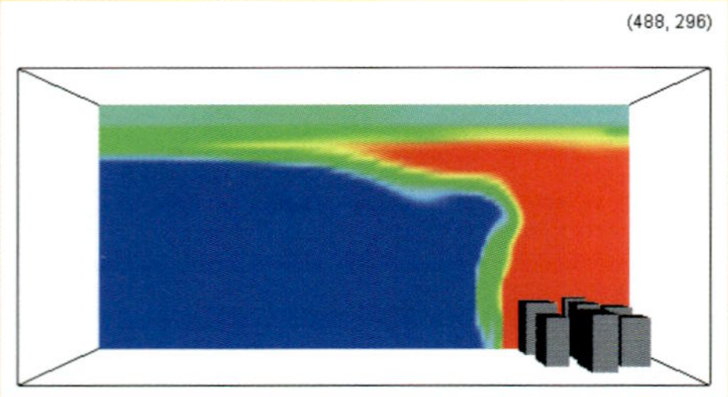

研究例 7 ヒートアイランド
(温度分布)

研究例 6 ビル風
(地表付近に配置した粒子の動き)

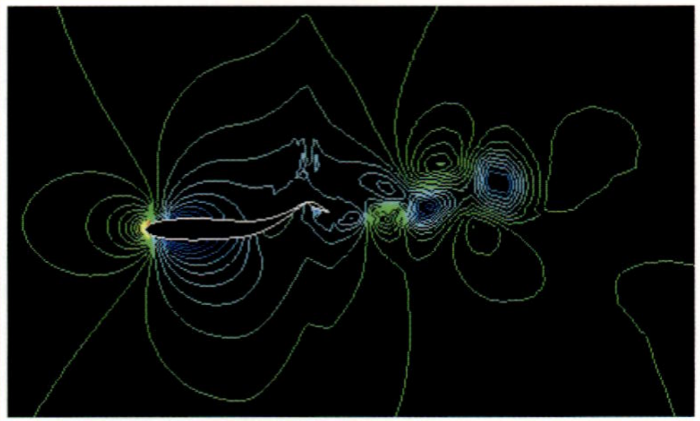

研究例 10 変形翼まわりの流れ（等圧線）

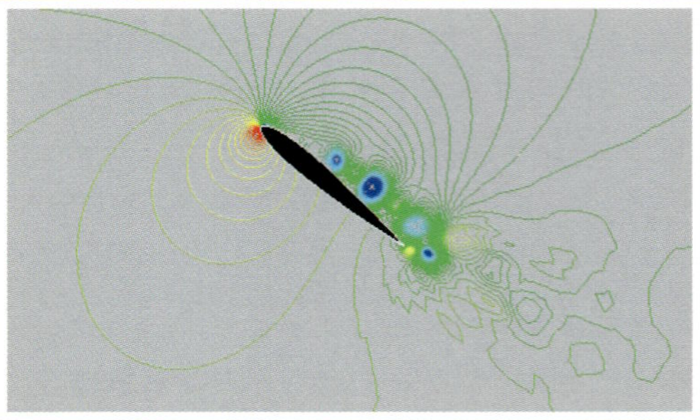

研究例 9 鉛直軸直線翼型風車（等圧線）

付録2の研究例に対し、各研究の代表的な結果をカラー表示した図である。表示されているものはそれぞれの図の説明に記されたとおりである。研究例6では、風が図の左上から右下に向かって吹いている。研究例7では、都市の上空付近が高温（赤色）になっている。研究例8、9、10とも図の左から右に向かって流れがあたっている。ただし、研究例9は回転速度が流速より大きい。等圧線はそれぞれ赤が高圧部、青が低圧部である。

2

Computer Science Library-18

数値シミュレーション入門

河村哲也　著

サイエンス社

Computer Science Library
編者まえがき

コンピュータサイエンスはコンピュータに関係するあらゆる学問の中心にある．コンピュータサイエンスを理解せずして，ソフトウェア工学や情報システムを知ることはできないし，コンピュータ工学を理解することもできないだろう．

では，コンピュータサイエンスとは具体的には何なのか？この問題に真剣に取り組んだチームがある．それが米国の情報技術分野の学会である ACM (Association for Computing Machinery) と IEEE Computer Society の合同作業部会で，2001年12月15日に Final Report of the Joint ACM/IEEE-CS Task Force on Computing Curricula 2001 for Computer Science（以下，Computing Curricula と略）をまとめた．これは，その後，同じ委員会がまとめ上げたコンピュータ関連全般に関するカリキュラムである Computing Curricula 2005 でも，その中核となっている．

さて，Computing Curricula とはどのような内容なのであろうか？これは，コンピュータサイエンスを教えようとする大学の学部レベルでどのような科目を展開するべきかを体系化したもので，以下のように14本の柱から成り立っている．Computing Curricula では，これらの柱の中身がより細かく分析され報告されているが，ここではそれに立ち入ることはしない．

Discrete Structures (DS)　　　　　　Human-Computer Interaction (HC)
Programming Fundamentals (PF)　　　Graphics and Visual Computing (GV)
Algorithms and Complexity (AL)　　　Intelligent Systems (ItS)
Architecture and Organization (AR)　Information Management (IM)
Operating Systems (OS)　　　　　　　Social and Professional Issues (SP)
Net-Centric Computing (NC)　　　　　Software Engineering (SE)
Programming Languages (PL)　　　　　Computational Science and
　　　　　　　　　　　　　　　　　　　　　　Numerical Methods (CN)

一方，我が国の高等教育機関で情報科学科や情報工学科が設立されたのは1970年代にさかのぼる．それ以来，数多くのコンピュータ関連図書が出版されてきた．しかしながら，それらの中には，単行本としては良書であるがシリーズ化されていなかったり，あるいはシリーズ化されてはいるが書目が多すぎて総花的であったりと，コンピュータサイエンスの全貌を限られた時間割の中で体系的・網羅的に教授できるようには構成されていなかった．

編者まえがき

そこで，我々は，Computing Curricula に準拠し，簡にして要を得た教科書シリーズとして「Computer Science Library」の出版を企画した．それは，以下に示す 18 巻からなる．読者は，これらが Computing Curricula の 14 本の柱とどのように対応づけられているか，容易に理解することができよう．これは，最近気がついたことだが，大学などの高等教育機関で実施されている技術者養成プログラムの認定機関に JABEE (Japan Accreditation Board for Engineering Education, 日本技術者教育認定機構) がある．この認定を"情報および情報関連分野"の CS (Computer Science) 領域で受けようとしたとき，図らずも，その領域で展開することを要求されている科目群が，実はこのライブラリそのものでもあった．これらはこのライブラリの普遍性を示すものとなっている．

① コンピュータサイエンス入門
② 情報理論入門
③ プログラミングの基礎
④ C言語による 計算の理論
⑤ 暗号のための 代数入門
⑥ コンピュータアーキテクチャ入門
⑦ オペレーティングシステム入門
⑧ コンピュータネットワーク入門
⑨ コンパイラ入門
⑩ システムプログラミング入門
⑪ ヒューマンコンピュータインタラクション入門
⑫ CG とビジュアルコンピューティング入門
⑬ 人工知能の基礎
⑭ データベース入門
⑮ メディアリテラシ
⑯ ソフトウェア工学入門
⑰ 数値計算入門
⑱ 数値シミュレーション入門

執筆者について書いておく．お茶の水女子大学理学部情報科学科は平成元年に創設された若い学科であるが，そこに入学してくる一学年 40 人の学生は向学心に溢れている．それに応えるために，学科は，教員の選考にあたり，Computing Curricula が標榜する科目を，それぞれ自信を持って担当できる人材を任用するように努めてきた．その結果，上記 18 巻のうちの多くを本学科の教員に執筆依頼することができた．しかしながら，充足できない部分は，本学科と同じ理念で開かれた奈良女子大学理学部情報科学科に応援を求めたり，本学科の非常勤講師や斯界の権威に協力を求めた．

このライブラリが，我が国の高等教育機関における情報科学，情報工学，あるいは情報関連学科での標準的な教科書として採用され，それがこの国の情報科学・技術レベルの向上に寄与することができるとするならば，望外の幸せである．

2008 年 3 月記す

お茶の水女子大学名誉教授
工学博士　増永良文

はじめに

　20世紀後半に飛躍的な進歩をとげたコンピュータは，IT革命という言葉に代表されるようにわれわれの生活に深く浸透してきたが，科学的な方法論をも一変させた．すなわち，コンピュータは，従来の科学における理論的な研究方法や実験的な研究方法の補助になるだけではなく，新たに計算あるいは数値シミュレーションによる研究方法をも提供した．数値シミュレーションとは，一般に自然科学現象を研究する場合に，その現象に対するモデルをつくり，最終的にコンピュータが取り扱える形にして，計算により現象を再現する方法である．もちろん，自然科学のみならず，社会科学や人文科学にも広く応用される方法になっている．

　数値シミュレーションの方法はいろいろあるが，最もよく使われる方法は微分方程式をコンピュータを用いて数値的に解くことを基礎にする方法である．これは多くの現象が微分方程式を使って記述される一方で，これらの微分方程式は複雑なものが多く，解析的に式を使って解くことが困難であるからである．特に自然現象には空間的な広がりをもつものが多く，そのような場合には変数に時間のみならず空間座標も入ってくるため，偏微分方程式で記述される．そこで，本書では偏微分方程式で記述される現象を中心に，基礎からはじめて具体例にいたるまで詳しく説明する．

　以下，本書の内容について簡単に紹介する．第1章と第2章がいわば入門部分である．第1章はシミュレーションについての導入を行い，第2章では粒子の運動，熱伝導現象，移流拡散現象の簡単なシミュレーション法を，それぞれ微分方程式をほとんど使わずに説明している．簡単な内容であるが，この第1，2章で，本書で述べるシミュレーションの本質が尽くされているといっても過言ではない．したがって，数式に興味のない読者は第3～6章を飛ばして第7章以降にあるシミュレーションの具体例の図を眺めるだけで本書の意図したところは十分に理解していただけると思う．

　一方，本格的なシミュレーションを行うためには第3章から第6章で述べる

はじめに

微分方程式によるシミュレーション法を用いる．したがって，実際にこれからシミュレーションを利用して研究等を行う読者にはこの部分をじっくり読んでいただきたい．ただし，内容を厳選し記述も平易さを第一に考えたため，困難なく読めると思う．第3章は偏微分方程式に対する導入として常微分方程式とその数値解法について述べている．第4章は本書の中心部分で主に2階の線形偏微分方程式の差分解法について丁寧に説明している．現実に遭遇する現象はこの種の微分方程式で記述されることが多いからである．第5章では複雑な領域での差分解法を述べ，第6章では数値シミュレーションの最大の活躍の場である流体力学を題材にその基礎方程式の数値解法について解説している．

第7章から付録1，2までが応用部分である．第7章は第3～6章で記述した方法を用いた種々の現象のシミュレーション例を示している．付録1と付録2は本書の内容を理解すればどれだけのシミュレーションができるかを示した部分であり，具体的には著者の研究室における実際の卒業研究例を集めたものである．そして学生諸君が書いた研究要旨を，読者の参考になるように，わざとそのまま載せている．この部分がある意味で本書の特徴になっている．

本書によって読者諸氏が偏微分方程式を基礎とする数値シミュレーションのしくみを理解し，シミュレーションに対する興味がわき，さらに高度なシミュレーションに進むきっかけとなれば，著者の喜びはこれにすぐるものはない．最後に本書の執筆はお茶の水女子大学理学部情報科学科増永良文教授に薦めていただいた．また著者の研究室の諸君（理学部情報科学科：岡島有希，桑名杏奈，小西真裕美，白谷栄梨子，田中悠紀，水上洋子，宮脇梓，安田史，理学部物理学科：野沢晃奈，松本紋子（敬称略））には卒業研究要旨集の原稿および画像を提供していただいた．また本書出版に際してサイエンス社の田島伸彦部長，編集部の渡辺はるか氏にはいろいろお世話になった．ここに記してこれらの方々への感謝の意としたい．

2006年5月

河村哲也

目　次

第1章　モデル化と数値シミュレーション　　1
- 1.1　実在現象とモデル化　……………………………………　2
- 1.2　数値シミュレーション　…………………………………　5
- 1.3　環境科学と流体シミュレーション　……………………　7
- 第1章の章末問題　……………………………………………　9

第2章　種々のシミュレーション　　11
- 2.1　粒子の運動のシミュレーション　………………………　12
  - 自動車の位置　　粒子の平面運動
- 2.2　拡散現象のシミュレーション　…………………………　18
  - 針金内の温度分布その1　　平板内の温度分布その1
  - 針金内の温度分布その2　　平板内の温度分布その2
- 2.3　移流拡散現象のシミュレーション　……………………　25
  - 1次元移流問題　　2次元移流問題
  - 移流拡散問題
- 第2章の章末問題　……………………………………………　32

第3章　常微分方程式　　33
- 3.1　常微分方程式の例　………………………………………　34
  - 直線運動　　力を受けて運動する質点
- 3.2　初期値問題1　……………………………………………　38
  - 1階微分方程式　　2階微分方程式と連立微分方程式
  - 高階微分方程式
- 3.3　初期値問題2　……………………………………………　46
- 3.4　境界値問題　………………………………………………　49
- 第3章の章末問題　……………………………………………　52

第4章　偏微分方程式の差分法による解法　53

- 4.1　物理現象からの偏微分方程式の導出 …………………… 54
  - 移流方程式　　波動方程式
  - 拡散方程式　　ラプラス，ポアソン方程式
  - 2階線形偏微分方程式
- 4.2　ラプラス方程式の差分解法 ……………………………… 60
- 4.3　拡散方程式の差分解法 …………………………………… 66
- 4.4　移流方程式と波動方程式の差分解法 …………………… 73
- 第4章の章末問題 …………………………………………… 78

第5章　複雑な領域における計算法　79

- 5.1　直交しない格子による差分近似 ………………………… 80
- 5.2　格子生成法 ………………………………………………… 84
- 5.3　一般の座標変換 …………………………………………… 88
  - 2次元座標変換　　種々の公式
  - 時間依存性のある座標変換　　3次元座標変換
- 第5章の章末問題 …………………………………………… 97

第6章　差分法の流体力学への応用　99

- 6.1　流体力学の基礎方程式 …………………………………… 100
  - 質量保存則　　運動量保存則
  - ナヴィエ−ストークス方程式　　熱流体の方程式
- 6.2　非圧縮性ナヴィエ−ストークス方程式の解法1 ………… 110
- 6.3　非圧縮性ナヴィエ−ストークス方程式の解法2 ………… 113
- 第6章の章末問題 …………………………………………… 118

第7章　数値シミュレーションの実例　119

- 7.1　渦の運動 …………………………………………………… 120
- 7.2　2次元閉領域内における熱伝導 ………………………… 123
  - 平板の熱伝導問題　　円環領域における熱伝導問題
  - 複雑な領域における熱伝導問題
- 7.3　翼まわりのポテンシャル流れ …………………………… 129

7.4 簡単な流れのシミュレーション ……………………… 133
　　　長方形の閉領域内の定常流れ　　円柱まわりの流れ
　　　障害物のあるダクト内の流れ
第 7 章の章末問題 …………………………………………………… 140

付録 1　理学問題への応用　　　　　　　　　　　　　　141

研究例 1	渦糸－渦糸近似法を用いた流れの解析－ ………………	142
研究例 2	生物対流－生物対流の数値的研究－ …………………	146
研究例 3	血管－血管手術における効果の数値的検証－ ………	151
研究例 4	木星－木星大気の循環のシミュレーション－ ………	155
研究例 5	温帯低気圧－温帯低気圧の簡易モデル－ ……………	159

付録 2　工学問題への応用　　　　　　　　　　　　　　165

研究例 6	ビル風－ビル風のシミュレーション－ ………………	166
研究例 7	ヒートアイランド	
	－高層ビル群によるヒートアイランド現象－ ………	170
研究例 8	S 字型風車－S 字型風車まわりの流れの数値的研究－ …	174
研究例 9	鉛直軸風車	
	－鉛直軸直線翼型風車における流れのシミュレーション－	179
研究例 10	変形物体－屈曲運動する翼周りの流れの解析－ ……	183

章末問題略解　　　　　　　　　　　　　　　　　　　　187
あ と が き　　　　　　　　　　　　　　　　　　　　192
索　　引　　　　　　　　　　　　　　　　　　　　194

　本書を教科書としてお使いになる先生方のために，本書に掲載されている図・表をまとめた PDF を講義用資料として用意しております．必要な方はご連絡先を明記のうえサイエンス社編集部（rikei@saiensu.co.jp）までご連絡下さい．

第1章
モデル化と数値シミュレーション

　本章では数値シミュレーションへの導入として，簡単な例を通して数値シミュレーションとはどういう方法のことで，またどういう利点があってどのような応用があるのかについてやさしく説明する．非常に簡単な内容ではあるが，数値シミュレーションの本質部分が多く含まれている．

●本章の内容●
実在現象とモデル化
数値シミュレーション
環境科学と流体シミュレーション

1.1 実在現象とモデル化

　簡単な例からはじめることにしよう．世の中にはいろいろな現象があるが，ここでは物体の落下について考えてみる．有名な逸話に，ニュートンはりんごが木から落ちるのを見て**万有引力の法則**を思い付いたというのがある．真偽のほどはともかく，普通の人間なら（万有引力の法則を知らないとして）りんごが落ちるという現象を見てもあまり深く考えないが，ニュートンはすべての物体はお互いに引き合っていると考えた．したがって，りんごであっても月であっても地球に引っ張られていることになる．このように，りんごや月といった個々のものにはとらわれず，それらを抽象化して，それぞれに共通した性質を抽出することを物理モデル化とよぶことにする．そしてモデル化されたものを**物理モデル**とよぶことにする．

　モデル化することによって色々なことがわかる．たとえば，前述の例では，りんごも月も地球に引っ張られているため両方とも地面に向かって落ちようとする．しかし，りんごは落ちるが月が落ちないのは，月が地球のまわりをまわっているためである．石ころにひもをつけてくるくるまわすと手に力を感じる．これは石ころが飛んでいこうとするのをひもをとおして手が引っ張っているためである．逆にいえば石ころはひもから力を受けて外に飛び出せないことになる．実際，もし手を放すと石ころは飛んでいく．したがって，月がまわっているのにどこかに飛んでいかないのは，飛んでいこうとする力を打ち消す目に見えないひもがあるわけで，その役目を果たすのが，地球による引力になる．一方，りんごはまわっていないので落ちる．このように「すべての物体は引き合う」という物理モデルを用いることによってりんごが落ちて，月は落ちないということが説明できる．

　物理モデルが得られると色々なことが合理的に説明できるが，さらに量的なことを調べようとするともう一歩先に進む必要がある．たとえば，ロケットを打ち上げる場合，ロケットの速度が遅いとやがてロケットは地球に引っ張られて墜落してしまうため，最低どの程度の速度を出せばよいのかなど数値が必要になる．そのような場合には「お互いに引き合う」というだけでなく，量に関する記述も必要になる．量まで含めた物理モデルは数式で表されるので**数学モデル**とよぶことにしよう．数学モデルをつくるためには多くの場合，実験も必要

1.1 実在現象とモデル化

になる．万有引力の法則は，定量的には，「2 つの物体が引き合う力は 2 つの物体の質量の積に比例し，お互いの距離の 2 乗に反比例する」と記述できる．ここで，**質量**とは物体固有にそなわった量で物体に力を加えた場合の動きやすさに関係する量である．

万有引力の法則を式を使って表現すると，引力の大きさ F は 2 つの物体の質量を m_1, m_2，物体間の距離を r としたとき，

$$F = \frac{Gm_1m_2}{r^2} \tag{1.1}$$

と表せる．ここで G は比例定数（**万有引力定数**）で，どんな物体間の引力を考える場合でも同じ値をとる．この式が万有引力の法則の数学モデルになる．

さて，ニュートンは万有引力の法則とともに，もう 1 つの重要な法則を発見した．これは物理モデルでいえば「物体に力を加えるとその方向に加速度が生じる」というもので，**ニュートンの第 2 法則**とよばれる力学の基本法則である．この法則の数学モデルは，（力や加速度の単位を適当に選んだ上で）F を力，m を質量，a を加速度とすれば

$$F = ma \tag{1.2}$$

となる（正確には F と a はベクトルである）．したがって，力と加速度は比例関係にあり，前述の質量とはその比例定数のことである．

ガリレオの有名な実験に，ピサの斜塔から重い物体と軽い物体を落としてどちらが早く地面に到達するのかを観察したというものがある．結果は，当時の人の常識（重い物体が早く到達する）に反してどちらも同じであった．このことは式 (1.1) と式 (1.2) という数学モデルから説明できる．

式 (1.2) で地球の質量を m_1，落とす物体の質量を m_2 とする．r は正確には地球の中心（重心）から物体の中心（重心）までの距離であるが，地球の半径はピサの斜塔の高さに比べて圧倒的に大きいため，r を地球の半径 R としてもほとんど差はない．したがって，式 (1.1) で

$$g = \frac{Gm_1}{R^2} \tag{1.3}$$

とおいたとき，g は定数になり，また落ちる物体に働く引力は $F = m_2g$ と書け

る．この g は重力によって物体に働く加速度であり，**重力加速度**とよばれている．g の具体的な数値を求めるためには実験が必要になるが，実際に実験を行うとおよそ $9.81\,\mathrm{m/s^2}$ という値が得られる．一方，式 (1.2) から質量 m_2 の物体に力 F が働いていると加速度は $F = m_2 a$ を満たす．したがって，$m_2 g = m_2 a$ であり，m_2 が消えて $a = g$ となる．すなわち，どんな物体にも，それが地球に引っ張られている限り同じ加速度が生じることがわかる．ただし，この結論は式 (1.2) と式 (1.3) の F が同じであることを使っている．したがって，たとえば落下する物体に地球からの引力以外の，物体に依存するような力（たとえば空気抵抗）が働くと正しくなくなる．石ころと羽毛を落としたとき，落下時間に差があるのはそのためである（真空中では同じ到達時間になる）．

なお，ロケットが落ちてこない速度（**脱出速度**）を求めるためには，ロケットが初期にもつ**運動エネルギー**とロケットが重力に逆らって無限遠まで飛行するのに必要な**仕事**を等値すればよい．仕事は力と距離（力方向の移動距離）を掛けたものなので，質量 m_2 のロケットが微小な距離 dr を飛行する間の仕事は万有引力の法則 (1.1) から $(Gm_1 m_2/r^2)dr$ となる．したがって，これを R（地球の中心から地面までの距離，すなわち地球の半径）から無限遠まで積分したものがロケットのなす仕事になる．一方，ロケットの運動エネルギーは $(1/2)m_2 v^2$ であるため，以下の等式が得られる．

$$\frac{1}{2}m_2 v^2 = \int_R^\infty \frac{Gm_1 m_2}{r^2} dr$$
$$= \frac{Gm_1 m_2}{R}$$

この式と式 (1.3) から

$$v^2 = 2Rg, \quad \text{すなわち} \quad v = \sqrt{2Rg} \tag{1.4}$$

が得られる．式 (1.4) に地球の半径 $6370\,\mathrm{km}$ および $g = 9.81\,\mathrm{m/s^2} = 0.00981\,\mathrm{km/s^2}$ を代入して計算すると $v = 11.2\,\mathrm{km/s}$ であることがわかる．すなわち，秒速 $11.2\,\mathrm{km}$（時速 $40320\,\mathrm{km}$〜マッハ 34）という値が数学モデル（と物理モデル）から得られたことになる．

1.2 数値シミュレーション

上述のように数学モデルを適当に処理すれば定量的な予測が可能になる．しかし，上の例は数学モデルが簡単であったため，答えが得られただけで，いつもそうであるとは限らない．たとえば，もう少し正確な議論を行うためには，空気抵抗を考慮する必要がある．空気抵抗はロケットの形状で変化し，また空気は上空にいくほど薄くなるためその効果も含めなければならない．このように，現象を正確に数学モデル化しようとすればするほど数学モデルが複雑になる．そういった場合には，通常の数学的な手続きで答えを得ることはほとんど不可能になってしまう．

そこで，得られた数学モデルを別の方法で処理することを考える．このとき，数学モデルから最終的に引き出したいものは，多くの場合は数値であることに注意する．たとえば，現実のロケットの設計で最終的に必要なものは式 (1.4) のような式の形の答ではなく，実際の 11.2 km/s という数値である．もちろん式の形で与えられていた方が便利であるが，必ずしもその必要はない．

ロケットから離れるが，簡単な例として次のような問題を考える．いま，何かを設計して，ある部分の長さを決めたいとき，数学モデルからその長さ（正数）は

$$x^2 = \cos x \tag{1.5}$$

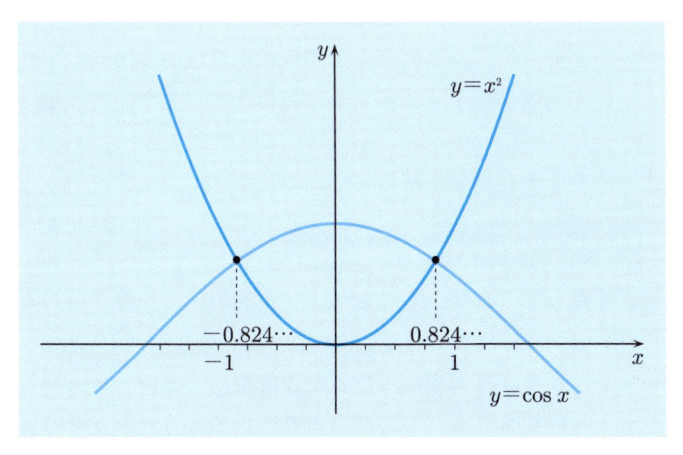

図 1.1 方程式 $x^2 = \cos x$ の解

の解であることがわかったとする．ふつうの数学の手続きからこの方程式の解を求めることはできない．しかし，それは解がないといっているのではなく，あくまで求める手段がないという意味である．このことは図に書いてみればはっきりする．上の方程式の解は $y = x^2$ と $y = \cos x$ の交点なので，図 1.1 に示すように 2 つある．そして，正数の解がおおよそ 0.8（負の解は -0.8）近くにあることもわかる．もちろん，図を正確に描けば描くほど正確な解が求まるが，それには限度がある．そこで，小数点以下何桁も精度が必要であれば別の方法を考える必要がある．

最良ではないが，たとえば小数点以下 4 桁の精度が必要であれば，$x = 0.8$ からはじめて 0.8001, 0.8002 というように x を 0.001 きざみに増加させながら式 (1.5) に代入するという方法がある．はじめのうちは右辺の方が大きな値をとるが，正解（0.82431 …）をとおり越すと今度は左辺の方が大きくなる．したがって，大小関係が変わる境目に解があることがわかる．

このように，一般に，数学モデルがあれば，それを用いて強引に答を求めることができる．ただし，このような方法で解を得るためには膨大な（無駄とも思える）計算が必要になるため，昔はあまり役に立つ方法ではなかった．しかし，人間の代わりに計算してくれる機械（コンピュータ）があれば，たとえ数学モデルがどのように複雑であっても，あとは自動的に処理できる．このような背景のもとでコンピュータが考え出された．なお，数学モデルをコンピュータで取り扱える形になおしたものを**数値モデル**，またその手続きを数値モデル化とよんでいる．そして，コンピュータの性能が飛躍的に伸びた現在では，実在現象をなるべく精度よく予測するための数値モデル化が非常に重要になっている．

以上をまとめると実在現象を解析するためには

$$\text{実在現象} \rightarrow \text{物理モデル} \rightarrow \text{数学モデル} \rightarrow \text{数値モデル}$$

という手続きを踏む．そして，特に数値モデルを用いて現象を調べる方法を**数値シミュレーション**とよんでいる．

数値シミュレーションは大きく分けると**連続型シミュレーション**と**離散型シミュレーション**に分類される．このうち連続型シミュレーションでは微分方程式に支配される現象を微分方程式を数値的に解くことによって解析する．自然

現象や社会現象は数学モデルとして微分方程式を使って記述されることが多いため，この連続型シミュレーションは数値シミュレーションのなかで非常に重要な位置を占める．本書で取り上げるのは主に物体の運動や熱や流れのシミュレーションであり，この場合には現象は微分方程式によって記述される．したがって，連続型シミュレーションになる．

　一方，世の中には微分方程式で記述できないような現象も多くある．たとえば，待行列の問題などがその例で，駅や銀行の窓口の数によってどの程度の待ち時間ができるのかを決める．この場合，人が来るタイミングは確率に支配され微分方程式で記述するのは困難である．また微視的あるいは局所的な規則がわかっているときに系全体でどのような振る舞いを示すかということを調べたい場合もある．その例として**セル・オートマトン法**というシミュレーション法がある．この方法は簡単にいえば調べたい領域を小さなセルに分け，近接セル間での情報交換をある種の演算規則で与える．この演算を数多くのセルで長時間行って，現実に必要な物理量は平均操作から求める．この方法を用いればマクロな領域における支配法則がよくわからなくてもミクロ状況から推定することが可能になる．この方法は，たとえば流体力学の問題では沸騰（液体とさまざまな大きさの気泡が混じった流れ）などに応用されている．待行列やセル・オートマトン法など微分方程式によらず，離散的な規則をあてはめてシミュレーションを行う方法を離散型シミュレーションとよんでいる．

1.3　環境科学と流体シミュレーション

　われわれは空気と水，すなわち流体（気体と液体の総称）に取り囲まれて生活している．したがって，空気や水などの流体の力学的な性質を調べ，流体中を運動する物体に働く力を見積もったり，また流体によって物質あるいは熱などの物理量がどの程度輸送されるかを見積もる**流体力学**はわれわれが快適な生活をしていく上で必要不可欠な学問分野である．特に環境問題が切実になってきた現在では，空気や水が環境に直接かかわり合っているため，流体力学はますますその重要性を増してきている．

　環境問題には，地域的な問題と地球規模の問題がある．前者のなかでも空気や水の運動や物質輸送など流体力学に直接関係するものに，工場の煤煙や自動

車の排気ガスによる**大気汚染**あるいは有害物質の混入による**水質汚染**などがある．地球規模の環境問題すなわち**地球環境問題**でも流体力学に密接に関連するものが多くある．たとえば，二酸化炭素など温室効果ガスの増加による**地球温暖化**が引き起こす気候変動は，温度分布の変化による地球規模での**大気大循環**の変化として捉えることができる．**酸性雨**問題も大規模な風系による硫黄酸化物や窒素酸化物の長距離輸送と密接に関連し，フロンによる**オゾン層破壊**のメカニズムや**オゾンホール**の生成機構を解明するためにも対流圏や成層圏での空気の循環を考える必要がある．また**海洋汚染**を考える上では海水の表層や深層循環を考慮に入れることが必須である．

環境問題は，いろいろな現象が複雑に絡み合っており，理論的な解析ではカバーできない部分が多くある．また，実験的な研究も非常に困難である．それは，環境問題には空間スケールや時間スケールが大きいという特徴があるためで，なんらかの模型実験をするにしても多くの制約がつく．また，実験そのものが不可能なこともある．たとえば，気象の実験として球状の物体に自己重力を与えて，まわりを取り囲む空気の運動を実験的に調べることは不可能であり，また原子炉が破壊したときの影響評価も危険で実験できない．

一方，数値シミュレーションでは，実験環境をコンピュータの中でつくりだすため，前述のとおりどんな状況でも実現できる．数値シミュレーションの欠点の1つは膨大な数値計算が必要な点にあったが，この点については最近のコンピューターの長足の進歩によりかなり改善されてきている．換言すれば，環境問題を解明するためには数値シミュレーションが重要な役割を果たし，逆に環境問題は数値シミュレーションに大きな活躍の場を与える．

数値シミュレーションで最も重要な点は，理論研究と同じく，複雑な現実の現象をいかに適切にモデル化するかという点である．理論研究ほど大胆なモデル化は必要でないにしても，モデル化がいらないほどコンピュータの能力は高くない．現実には，コンピュータの性能を考慮しながら，なるべく現実に近いシミュレーションを行っている．

具体的に話をすすめるために大規模な環境のシミュレーションの例として大気大循環および地球温暖化のシミュレーションについて考えてみる．

なるべく現実の大気の流れに近づけるためには，地球が球形である効果だけでなく海陸分布などの地形情報を考慮する必要がある．この情報があってはじ

めて，温暖化により大気大循環がどのように変化を受け，それによって地域的に気候がどう変化するかという問題に対して答を出すことができる．そこで，このようなシミュレーションを行って二酸化炭素が増えたときある地域で昇温することがわかったとする．しかし，これで終わったわけではなく別の問題が現れる．すなわち，個々の場所における昇温が逆に大気の循環に影響を及ぼすことが問題になる．この昇温の効果によって高緯度では雪や氷が解ける．雪や氷はよく光を反射するため，それが少なくなると太陽から多くの熱を受け取り，温度がさらに上がることになる．また海面では蒸発がさかんになるため水蒸気量が増えるが，水蒸気は温室効果ガスであるためますます温度が上がることになる．しかし，逆に水蒸気の増加によって雲が増えると日射が減り温度が下がる可能性もある．さらに大気には水平方向には境界がないため，各地域での温度変化は大気大循環を通して気候に変化を与え，同様に海水の温度変化は海流など海洋大循環を通して気候に変化を与えることになる．

　このように，温暖化による影響をできるだけ正確に予測するためには，海陸分布だけではなく，考えられる原因をなるべく多く考慮に入れて，それらの効果を取り入れた数値シミュレーションを行う必要がある．これらの効果の中で，大気や海水の運動など支配方程式がはきりわかっているものもあるが，たとえば積乱雲をどう取り扱うかなど非常に難しい問題もある．しかし，シミュレーションを行うためにはそういった複雑な現象もなんらかの形でモデル化する必要がある．もちろんモデル化を行う上ではシミュレーションだけでなく理論的考察や実験も必要になる．

第1章の章末問題

問1　ある天体があり，地球に比べて質量が a 倍，半径が b 倍であるとする．この天体表面における重力加速度は地球表面の重力加速度の何倍になるか．また，この天体からロケットを打ち上げるとき，地球から打ち上げる場合の何倍の脱出速度が必要か．具体例として，月の質量と半径は地球の 0.012 倍および 0.27 倍であるとして月の表面の重力加速度と月からの脱出速度を求めよ．

問2　実験ではほとんど不可能であるが，数値シミュレーションであれば比較的簡単に実行できる現象を2, 3挙げよ．

第2章
種々のシミュレーション

　本書の主題は微分方程式による数値シミュレーション法を基礎から述べることにあるが，本章では微分方程式の数値解法の知識がなくてもこういったシミュレーションの本質部分が理解できることを示す．まずはじめに粒子の1次元，2次元運動を取り上げ，具体的にシミュレーションではどういう手続きを踏んで答を得るのかについて解説する．次に熱伝導現象を物理的な直観を用いてモデル化してシミュレーションする方法を示す．最後に物理量が移動することを表す移流現象と移動しながら拡散する移流拡散現象を車の流れと物質の拡散を例にとって解説する．

●本章の内容●
粒子の運動のシミュレーション
拡散現象のシミュレーション
移流拡散現象のシミュレーション

2.1 粒子の運動のシミュレーション

(a) 自動車の位置

高速道路を走行中の自動車を考える（図 2.1）．スタート地点からの距離を x とすると，x は時間の関数であり $x = x(t)$ と表せる．また，自動車の速さを u とすると，一般に速度は場所と時間によって変化する．そこで u は位置と時間の関数 $u(t, x)$ と書ける．ただし，x は自動車の位置なので $u(t, x(t))$ と書いた方が正確である．

このような状況のもとで，もし u が既知であれば，以下のようにして自動車の位置 x を決めることができる．ある時刻 t を考え，それから微小時間 Δt 経つと，自動車は $u\Delta t$ 進むため，もとの位置 $x(t)$ に進んだ距離を足せば次の時刻 $t + \Delta t$ の位置 $x(t + \Delta t)$ が得られる．このことを式で表せば

$$x(t + \Delta t) = x(t) + u(t, x(t))\Delta t \tag{2.1}$$

となる．ただし，この式は Δt の間に速度は変化しないと仮定しているため，厳密にいえば Δt は無限に小さい必要がある．このことを，式 (2.1) を u について解いた式で表せば

$$\lim_{\Delta t \to 0} \frac{x(t + \Delta t) - x(t)}{\Delta t} = u(t, x) \tag{2.2}$$

となる．式 (2.2) の左辺は x の t に関する微分の定義なので，結局，自動車の位置は，方程式

$$\frac{dx}{dt} = u(t, x) \tag{2.3}$$

によって表されることがわかる．式 (2.3) は微分を含んだ方程式であるため，**微分方程式**とよばれているが，特にこの場合は微分の階数が 1 階なので，**1 階微**

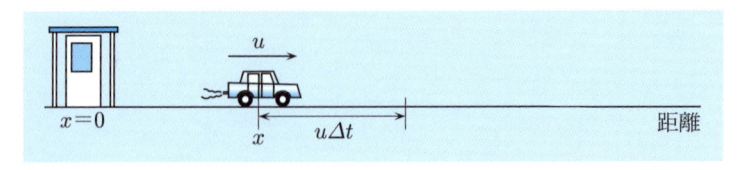

図 2.1 自動車の位置

2.1 粒子の運動のシミュレーション

分方程式という．また，いままでの議論から Δt が十分に小さければ式 (2.3) は式 (2.1) で近似されることがわかる．

さて，式 (2.3) は使わずに，式 (2.1) を用いて実際に自動車の位置を（近似的に）決めることを考える．スタート地点を 0，すなわち $x(0) = 0$ にとることにすれば，まず式 (2.1) に $t = 0$ を代入して

$$x(\Delta t) = x(0) + u(0, x(0))\Delta t \tag{2.4}$$

となる．ここで，u の関数の形が既知であると仮定しているため，$x(0)$ の値がわかれば上式の右辺が計算できて，$x(\Delta t)$ が求まる．一方，$x(0)$ の値はスタート地点の位置としてもともと与えられている．以下，同様に，式 (2.1) に $t = \Delta t, t = 2\Delta t, \cdots$ を代入すれば，

$$\begin{aligned}
x(2\Delta t) &= x(\Delta t) + u(\Delta t, x(\Delta t))\Delta t \\
x(3\Delta t) &= x(2\Delta t) + u(2\Delta t, x(2\Delta t))\Delta t \\
x(4\Delta t) &= x(3\Delta t) + u(3\Delta t, x(3\Delta t))\Delta t \\
&\cdots
\end{aligned} \tag{2.5}$$

となるが，一番上の式の右辺は式 (2.4) の左辺が既知なので計算でき，その値が左辺の値になる．同様に式 (2.5) の 2 番目の式には 1 番目の値を用い，3 番目の式には 2 番目の式の値を用いるというように，式 (2.5) の各式は 1 つ上の式（1 番上の式は式 (2.4)）の値を使うことにより計算できる．すなわち，式 (2.1) を用いれば，初期の値からはじめて

$$x(0) \to x(\Delta t) \to x(2\Delta t) \to x(3\Delta t) \to \cdots$$

の順に，Δt 刻みで次々に解を求めていくことができる．この方法は前述のとおり Δt の間で u は一定であるという近似を使っているが，Δt を十分に小さくとればそれほど精度は悪くないと考えられる．図 2.2 はこのようにして得られた時間と距離の関係を例示したものであり，$t = 0$ における距離 x が初期の距離（0 のこともある）であり，その後は Δt 刻みに点の位置が求められる．

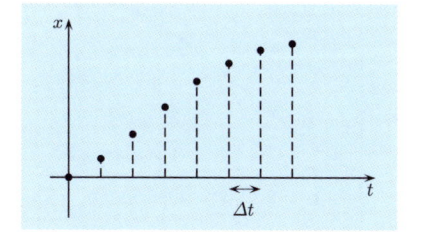

図 2.2 時間と距離の関係

ここで，もし Δt を1秒にとって計算した後で，$t = 4.5$ 秒のときの位置が必要になったとする．このときは，それに対応する点がないが，たとえば図 2.3 のように離散点間を直線で結んでおくと，t に対して連続的に x の値が与えられたことになる．このように離散個の点を連続的に結ぶ手続きを**補間**とよんでいる．補間の方法はいろいろあり，もっと滑らかに結ぶことも可能であるが，どのように結んだとしても，(方程式を正確に解いているわけではないので) あくまで推定値であることに注意が必要である．

なお，自動車の位置を厳密に求めるためには，微分方程式 (2.3) を解けばよいが，u が複雑な関数で表されている場合には微分方程式を解析的に式の形で解くことは非常に困難になる．また，u の形を測定から決める場合などを想定すると，u そのものに誤差が含まれているため，厳密に解く意味がはっきりしないこともある．

簡単な例として $u = 1$ (速さが場所にも時間にもよらない) の場合で，自動車が時刻 0 のとき位置 0 にあるとすれば，この条件を満足する微分方程式 (2.3) の解は

$$x = t$$

となる．一方，式 (2.1) (したがって式 (2.4), (2.5)) を用いれば

$$u(\Delta t) = 1 \times \Delta t = \Delta t, \; u(2\Delta t) = \Delta t + \Delta t = 2\Delta t, \; u(3\Delta t) = 3\Delta t, \; \cdots$$

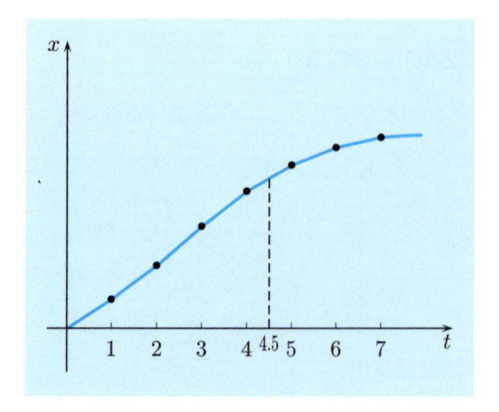

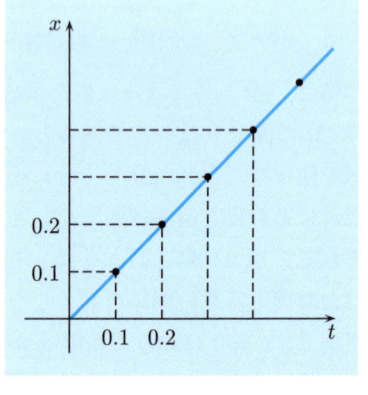

図 2.3　図 2.2 の点間を直線で結んだグラフ　　図 2.4　$u = 1$ のときの式 (2.1) の解

2.1 粒子の運動のシミュレーション

となる．両者を図示したものが図 2.4 である（ただし図では $\Delta t = 0.1$ としている）．すなわち，この場合は式 (2.3) と式 (2.1) の解は一致する．

次に $u = 2t$（時間に比例して速さが増加する）として式 (2.1) を用いて，自動車の位置を求めると，式 (2.1) は

$$x(t + \Delta t) = x(t) + 2t\Delta t$$

となる．そこで

$$x(0) = 0$$
$$x(\Delta t) = 0 + 2(\Delta t)^2$$
$$x(2\Delta t) = 2(\Delta t)^2 + 4(\Delta t)^2 = 6(\Delta t)^2$$
$$x(3\Delta t) = 6(\Delta t)^2 + 6(\Delta t)^2 = 12(\Delta t)^2$$
$$\cdots$$

というように順に解（の近似値）を求めることができる．図に書くためには，数値が与えられればよいため，上式のように Δt を含んだ式にする必要はなく，Δt の値を決めて，数値を順に計算していけばよい．たとえば $\Delta t = 0.1$ とすれば

$$x(0.1) = 0.02, \quad x(0.2) = 0.02 + 2 \times 0.2 \times 0.1 = 0.06, \quad \cdots$$

となる．これを図示したものが図 2.5 であり，また厳密解も簡単に求まる（$x(t) = t^2$）ため，それも示している．この場合は，少し差があることがわかる．

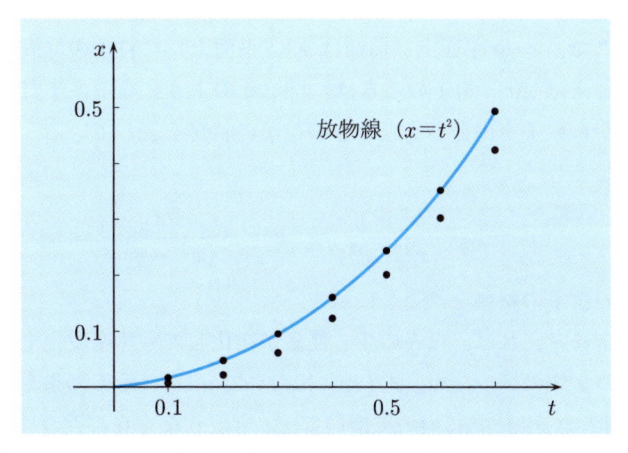

図 2.5 $u = 2t$ のときの式 (2.1) の解（近似解を線で結んでいる）

(b) 粒子の平面運動

前節では1次元の運動を考えたが本節では2次元平面内の粒子の運動を考える．具体的には水面に小さな物体が浮かんでいる場合を想像すればよい．ただし，水の流速はわかっているものとする．さて，流れの中に適当に原点を決めて，粒子の位置を座標 (x, y) で表す．流速は一般には位置や時間とともに変化するため，位置 (x, y) と時間 t の関数になっている．そこで，流速（ベクトル量）の x 成分と y 成分を u, v と記したとき，$u = u(t, x, y)$，$v = v(t, x, y)$ と書くことができる．なお，粒子の位置は時間とともに変化するため，$x = x(t)$，$y = y(t)$ と書ける．

時刻 t に位置 (x, y) にあった粒子は，距離が速度×時間であることを思い出せば，微小な時間 Δt 後には x 方向に $u(t, x, y)\Delta t$，y 方向に $v(t, x, y)\Delta t$ 移動している．このことを式で表せば

$$x(t + \Delta t) = x(t) + u(t, x, y)\Delta t$$
$$y(t + \Delta t) = y(t) + v(t, x, y)\Delta t \tag{2.6}$$

となる．そこで，この式を用いれば，初期の位置 $(x(0), y(0))$ から始めて，前節と同じような手順で Δt 刻みに粒子の位置を順に決めていくことができる．

簡単な例として，$u = 2$，$v = 1$ および $x(0) = y(0) = 0.2$ の場合には

$x(\Delta t) = x(0) + 2\Delta t = 0.2 + 2\Delta t$，$x(\Delta 2t) = 0.2 + 2\Delta t + 2\Delta t = 0.2 + 4\Delta t$，$\cdots$

$y(\Delta t) = y(0) + \Delta t = 0.2 + \Delta t$，$y(\Delta 2t) = 0.2 + \Delta t + \Delta t = 0.2 + 2\Delta t$，$\cdots$

となる．そこで，x-y 平面上（前節は x-t 平面上）に粒子の位置をプロットすると（たとえば $\Delta t = 0.1$ のときは）図 2.6 のようになる．また図 2.7 はいろいろな点から粒子を出発させたときの粒子の軌跡を表している．

別の例として

$$u = 1 - \frac{x^2 - y^2}{(x^2 + y^2)^2}, \quad v = -\frac{2xy}{(x^2 + y^2)^2}$$

としたときの粒子の軌跡を図 2.8 に示す．

なお，厳密に考えれば，ほんの少し位置が変化しても速度変化することがある（すぐ上の2つの例）ため，式 (2.6) において u, v はその効果を含める必要がある．式 (2.6) を u, v について解いて Δt を限りなく 0 に近づけると，

2.1 粒子の運動のシミュレーション

$$\frac{dx}{dt}\left(=\lim_{\Delta t\to 0}\frac{x(t+\Delta t)-x(t)}{\Delta t}\right)=u(t,x,y)$$
$$\frac{dy}{dt}\left(=\lim_{\Delta t\to 0}\frac{y(t+\Delta t)-y(t)}{\Delta t}\right)=v(t,x,y)$$
(2.7)

となるため，粒子の運動を厳密に議論するにはこの連立微分方程式を解く必要がある．逆にいえば，式 (2.6) は式 (2.7) の 1 つの近似になっている．

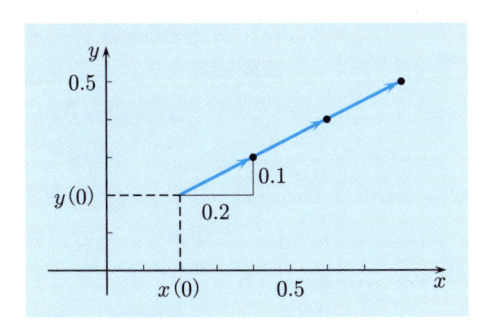

図 2.6 式 (2.6) の解の例 ($u=2$, $v=1$)

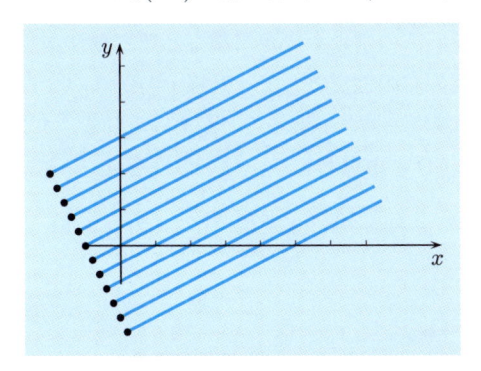

図 2.7 いろいろな点から出発した粒子の軌跡

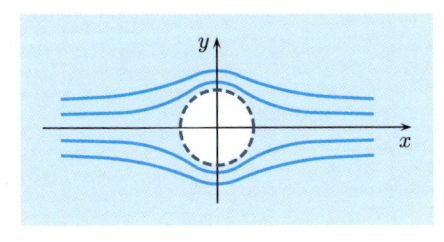

図 2.8 $u=1-(x^2-y^2)/r^4$, $v=-2xy/r^4$ ($r^2=x^2+y^2$) の場合の粒子の軌跡

2.2 拡散現象のシミュレーション

(a) 針金内の温度分布その1

同じ材質でできた断面積が一定の細い針金を考える．この針金の一端を（大きな氷に接触させるなどして）温度 0 ℃ に保ち，もう一端を（沸騰した熱湯につけるなどして）温度 100 ℃ に保った状態で長時間放置すると針金内の温度分布はどうなるのかを調べてみよう．このような状態を**熱平衡状態**（または**定常状態**）という．熱平衡状態では，常識的に考えられるように，長さに沿って直線的に温度が変化する（図 2.9）．たとえば，針金の長さが 10 cm の場合には，中間では 50 ℃，氷から 1 cm のところでは 10 ℃，熱湯から 1 cm のところでは 90 ℃ というようになっていると考えられる．針金を熱の通路と考えた場合，熱は熱湯から氷に向かって流れていく．したがって，実際にはもし熱湯と氷の量が少なければ熱湯は冷め，氷は溶けて水になり，さらに水の温度が上がる．しかし，両方とも非常に量が多い場合には，針金の材質や断面積が同じであるということは通路の通りやすさや太さが一定であることを意味するため，流れ方も一定であり，温度低下の割合も一定になると考えられる．

この直線型の温度分布の性質として，直線上の任意の 2 点の温度の平均値がその 2 点の中間点の温度と同じであることがあげられる．すなわち，図 2.9 において点 C を点 A と点 B の中点とし，点 C の温度を u_C などと記すことにすれば

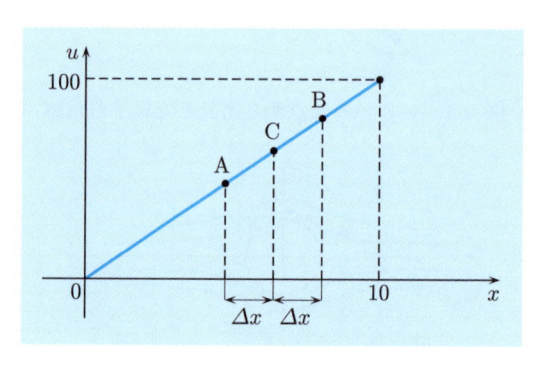

$$u_C = \frac{u_A + u_B}{2} \quad \text{または} \quad u_A - 2u_C + u_B = 0 \tag{2.8}$$

図 2.9 針金内の温度分布

2.2 拡散現象のシミュレーション

が成り立つ. 式 (2.8) のあとの式を便宜的に点 B と点 C の距離 Δx の 2 乗で割れば

$$\frac{u_A - 2u_C + u_B}{(\Delta x)^2} = 0 \tag{2.9}$$

となる. 式 (2.8) と式 (2.9) は数学的には同じであるが, 以下に示すように式 (2.9) の方が物理的な意味がはっきりする.

点 C と点 B 間の温度の上がり方 (下がり方) の目安として, 温度の差 $u_B - u_C$ を 2 点間の距離 Δx で割ったものをとると

$$\frac{u_B - u_C}{\Delta x} \tag{2.10}$$

となる. たとえ温度の上がり方が同じであっても, 実際の温度は距離が長くなるほど上がるため, 上がり方といった場合にはその間の距離で割る必要がある. 式 (2.10) を仮に**温度上昇率**とよぶことにすると, 温度上昇率は単位長さあたりの温度上昇という意味になる.

同様に点 A と点 C 間の温度上昇率は

$$\frac{u_C - u_A}{\Delta x} \tag{2.11}$$

となる.

針金内の温度の伝わり方が一様でなかったり, 針金を途中で暖めたりした場合には場所によって温度上昇率も変化する. そこで, さらに温度上昇率の変化の目安をつくるためには, 着目している 2 点間の温度上昇率を 2 点間の距離で割ればよい (2 点間の距離で割るのは温度上昇率を求めるときに Δx で割ったのと同じ理由である). 式 (2.10) を BC の中点での温度上昇率とみなし, 同様に式 (2.11) を AC の中点での温度上昇率とみなせば, 2 つの中点の間の距離は Δx であるため, 温度上昇率の変化の割合は

$$\left(\frac{u_B - u_C}{\Delta x} - \frac{u_C - u_A}{\Delta x} \right) \Big/ \Delta x = \frac{u_B - 2u_C + u_A}{(\Delta x)^2}$$

となり, 式 (2.9) の左辺と一致する. したがって, 式 (2.9) は十分に時間が経過したあとでは一様な針金内の温度上昇率の変化はないこと, いいかえれば針金の温度上昇率はどこでも同じであることを意味している.

(b) 平板内の温度分布その1

前項の「同じ太さの針金」を本項では「同じ厚さの正方形の板」に置き換えてみる．そして十分に時間がたったあとの板の温度分布を求めることを考える．例として，図 2.10 に示すように左と下では温度 0℃，右では温度 40℃，上では温度 80℃ということにする．

この場合はもはや針金の場合のように直観を働かせて温度を求めることは難しくなる．しかし，前項の後半で述べたことを 2 次元に拡張すれば温度分布の推定はできる．すなわち，この場合も十分時間が経った状態では，ある点の温度が周囲の温度の平均になっていることを利用する．図 2.11 に示した記号を用いれば，図の点 P の温度は，式 (2.8) に対応して

$$u_P = \frac{u_A + u_B + u_C + u_D}{4} \tag{2.12}$$

で表されると想像できる．ただし，各点は点 P から等距離にあるとしている．あるいは，温度の上昇率の変化が 0 という式 (2.9) に対応する式は，式 (2.9) を各方向につくって，

$$\frac{u_A - 2u_P + u_C}{(\Delta x)^2} + \frac{u_B - 2u_P + u_D}{(\Delta y)^2} = 0 \tag{2.13}$$

となる．この場合には点 P は点 A と点 C の中点であるとともに点 B と点 D の中点である必要があるが，AP($= \Delta x$) と BP($= \Delta y$) の長さが異なっていてもよい．もちろん $\Delta x = \Delta y$ であれば式 (2.12) と式 (2.13) は一致する．

式 (2.12) を用いれば中点の温度は

$$u_P = \frac{0 + 0 + 40 + 80}{4} = 30$$

すなわち 30℃ であると予想できる．

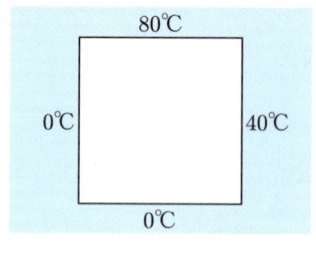

図 2.10 平板の温度

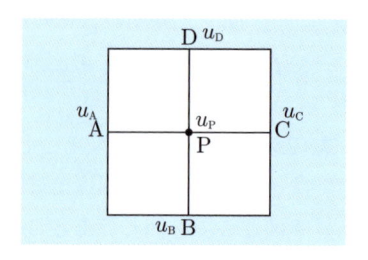

図 2.11 中心の温度

次に，左下隅から x, y の両方向に板の幅の $1/3$ 離れた点 P の温度を求めてみる．そのために，図 2.12 のように領域内に点 P, Q, R, S を分布させて各点の温度を u_P, u_Q, u_R, u_S とする．この場合には上のようにすぐには温度は求まらないが，各点が等間隔に分布していることから，式 (2.12) に対応する式を各点で書けば

$$\frac{0 - 2u_P + u_Q}{(1/3)^2} + \frac{0 - 2u_P + u_R}{(1/3)^2} = 0$$

$$\frac{u_P - 2u_Q + 40}{(1/3)^2} + \frac{0 - 2u_Q + u_S}{(1/3)^2} = 0$$

$$\frac{0 - 2u_R + u_S}{(1/3)^2} + \frac{u_P - 2u_R + 80}{(1/3)^2} = 0$$

$$\frac{u_R - 2u_S + 40}{(1/3)^2} + \frac{u_Q - 2u_S + 80}{(1/3)^2} = 0$$

となる．これらの式を 4 つの未知数 u_P, u_Q, u_R, u_S に対する 4 元の連立 1 次方程式とみなして解けば各点の温度が求まる．その結果

$$u_P = 15, \quad u_Q = 25, \quad u_R = 35, \quad u_S = 45$$

となる．すなわち，点 P の温度は 15 ℃になる．

いろいろな点における温度を求めるためにはもっと多くの点を分布させればよいということは容易に想像がつくが，その分大きな連立 1 次方程式を解く必要があり，計算が大変になる．現実には，これらの大型の連立 1 次方程式はコンピュータを使って解かれている．

図 2.13 は多くの点を使ってもとの問題をコンピュータを使って解き，同じ温度の点を連ねた線（等温線）を描いた図で，10 ℃刻みの温度が示してあるが，このような図を用いれば温度分布が一目瞭然になる．

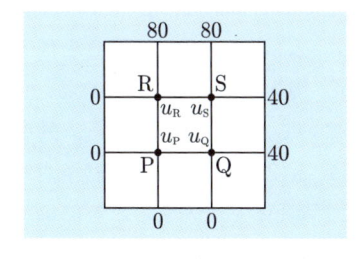

図 2.12　$1/3$ きざみの点での温度　　図 2.13　平板内の温度分布

(c) 針金内の温度分布その2

本項では針金の熱伝導をもう一度考える．(a) 項では熱が十分に伝わった後の話であったが，本項では針金内の温度の時間変化も考える．このように時間的に変化する状態を**非定常状態**という．熱が伝わることを熱の流れとしてとらえれば，温度差（正確には温度上昇率）が大きいほど速く伝わるものと想像がつく．そこで，熱の流れは温度上昇率に比例すると仮定すると，図 2.14 に示す部分に単位時間あたり流れ込む熱は，式 (2.10) などを考慮して

$$k\frac{u_\mathrm{B} - u_\mathrm{C}}{\Delta x}$$

となる．ここで k は比例定数で，考え易いように温度は右に行くほど増加しているものとする．このとき，熱は流入するだけではなく，左の部分から流出する．したがって，単位時間に流れ込んだ正味の熱は

$$k\frac{u_\mathrm{B} - u_\mathrm{C}}{\Delta x} - k\frac{u_\mathrm{C} - u_\mathrm{A}}{\Delta x} = k\frac{u_\mathrm{B} - 2u_\mathrm{C} + u_\mathrm{A}}{\Delta x}$$

になる．ある部分に熱の流入があるとその部分の温度が上がる．温度の上がり方は比熱（物質によってきまる定数）や質量にもよるため，温度と熱の変換を表す定数を $c\Delta x$ と書くことにする．ここで Δx が入っているのは質量は針金の長さに比例するからである．

以上のことから，点 C を含む微小区間における Δt の間の温度変化は，

$$c\Delta x(u_\mathrm{C}(t + \Delta t) - u_\mathrm{C}(t)) = \Delta t k\frac{u_\mathrm{B} - 2u_\mathrm{C} + u_\mathrm{A}}{\Delta x}$$

あるいは

$$u_\mathrm{C}(t + \Delta t) = u_\mathrm{C}(t) + r(u_\mathrm{B}(t) - 2u_\mathrm{C}(t) + u_\mathrm{A}(t)), \quad r = \frac{k\Delta t}{c(\Delta x)^2} \quad (2.14)$$

と書ける．ただし，点 C は針金のどこにあってもよいので，針金をいくつかに分けた場合，その区切りの任意の点（**格子点**とよばれる）が C になる．

初期の針金の温度は既知であるため，式 (2.14) の右辺に $t = 0$ を代入することによって格子点における $u_\mathrm{C}(\Delta t)$ の値が，境界を除いて決定される．一方，境界での値は別に境界条件として与えられている．以上のことから，針金のすべての格子点で $u(\Delta t)$ の値がわかる．さらに，$u(2\Delta t)$ のすべての格子点における値が，境界条件および式 (2.14) の右辺に $t = \Delta t$ を代入することにより $u(\Delta t)$ の値から計算される．以下同様にして $u(3\Delta t), u(4\Delta t), \cdots$ の値が決定される．

2.2 拡散現象のシミュレーション

以上の手順によって，針金の格子点上のすべての u の値が（初期温度および境界温度を考慮して）Δt 刻みに求まることになる．

具体的に，もとの問題を $t=0$ のとき針金の温度がすべて 1 という条件で解いてみよう．このように時刻 0 での条件を初期条件という．また，針金は長さ 1 で，それを 10 等分 ($\Delta x = 0.1$) し，時間刻み Δt を 0.001 にとり，また式 (2.14) の係数 k/c を 1 とする．このことから，式 (2.14) の r の値は 0.1 となるので，式 (2.14) は

$$u_C(t+\Delta t) = 0.1 u_B(t) + 0.8 u_C(t) + 0.1 u_A(t)$$

と書ける．表 2.1 に計算結果の一部を示す．また，図 2.15 はいくつかの典型的な時刻での温度分布を示す．

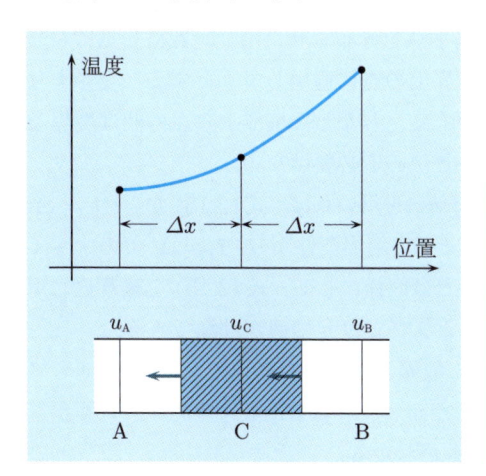

図 2.14 熱の流入

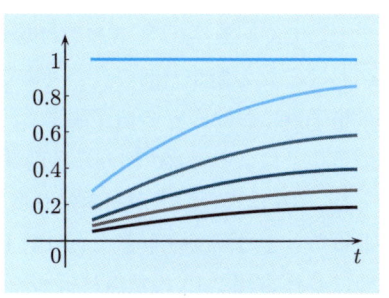

図 2.15 針金内の温度分布の時間変化

表 2.1 温度の時間変化

$t=0$	0.000000	1.000000	1.000000	1.000000	1.000000	1.000000
0.001	0.000000	0.900000	1.000000	1.000000	1.000000	1.000000
0.002	0.000000	0.820000	0.990000	1.000000	1.000000	1.000000
0.003	0.000000	0.755000	0.974000	0.999000	1.000000	1.000000
0.004	0.000000	0.701400	0.954600	0.996600	0.999900	1.000000
0.005	0.000000	0.656580	0.933480	0.992730	0.999580	0.999980
0.006	0.000000	0.618612	0.911715	0.987490	0.998935	0.999900
0.007	0.000000	0.586061	0.889982	0.981057	0.997887	0.999707
0.008	0.000000	0.557847	0.868698	0.973633	0.996386	0.999343
0.009	0.000000	0.533148	0.848106	0.965414	0.994406	0.998752

(d) 平板内の温度分布その 2

　針金の熱伝導で時間変化を考慮したときどうなるかを前項で調べたが，それと同じように考えれば，平板の熱伝導問題に対しても時間変化を考慮できる．1次元の場合に式 (2.9) が式 (2.14) に拡張されたことにならえば，2次元の場合には式 (2.6) が

$$u_\mathrm{P}(t+\Delta t) = u_\mathrm{P}(t) + r(u_\mathrm{A}(t) - 2u_\mathrm{P}(t) + u_\mathrm{C}(t)) + s(u_\mathrm{B}(t) - 2u_\mathrm{P}(t) + u_\mathrm{D}(t))$$

$$\left(\text{ただし } r = \frac{k\Delta t}{c(\Delta x)^2}, \quad s = \frac{k\Delta t}{c(\Delta y)^2}\right) \tag{2.15}$$

に拡張されると類推される．時間が十分に経過すれば温度の時間変化がなくなる（すなわち $u_\mathrm{P}(t+\Delta t) = u_\mathrm{P}(t)$ となる）ため，式 (2.15) は式 (2.13) と一致する．

　式 (2.15) も式 (2.14) と同様に，右辺の値から左辺の値を求める式になっている．そして，式 (2.15) は，板の上に格子点を分布させた場合，各格子点に対して成り立つ関係式である．ただし，境界上の点に適用しようとすると境界より外の点（板の外側の点）を使う必要がある．しかし，境界上の点の値は境界条件として与えられているため，もともと決める必要はない．

　そこで初期条件（$t = 0$ における u の値）を用いれば，式 (2.15) から，$t = \Delta t$ における u の値が内部の点で決まり，それと境界条件から，$t = \Delta t$ でのすべての格子点における u の値が決まる．あとは同様にして，式 (2.15) を繰り返し用いることによって Δt 刻みに各時間ステップでの u の値が計算できる．

　図 2.16 は板の温度が初期に 0 度で，境界の温度を (b) 項の図 2.10 と同じにとったときの温度分布を式 (2.15) にしたがって計算したものである．時間が経つにつれて図 2.13 の状態に近づく様子がわかる．

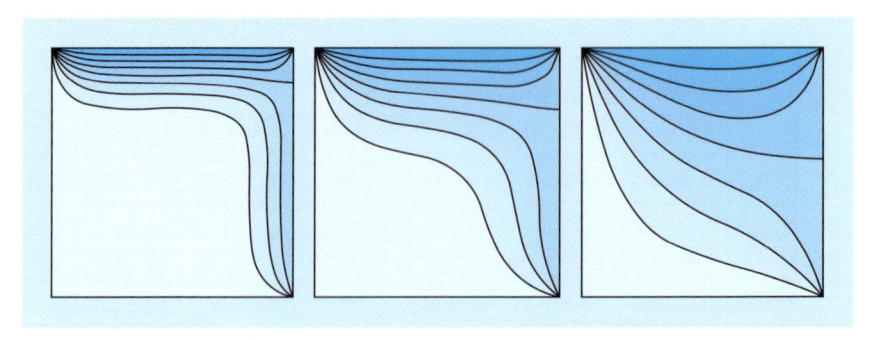

図 2.16　平板内の温度分布の時間変化

補足 今までの例では，針金や板の中に熱源がない場合を取り扱ってきた．一方，実際には境界以外のところでも，針金や板の一部を暖めたり冷やしたりすることもある．そのような場合には，単位時間あたりの発熱量（吸熱量）を Q とすると，この発熱（吸熱）によって時間 Δt の間に点 P において $\Delta t m Q_\mathrm{P}(t)$ だけ温度が上がる（下がる）と考えられる．ここで，m は熱量を温度に変換する係数である．したがって，温度変化を表す式は，式 (2.15) にこの項を加えて

$$u_\mathrm{P}(t+\Delta t) = u_\mathrm{P}(t) + r(u_\mathrm{A}(t) - 2u_\mathrm{P}(t) + u_\mathrm{C}(t))$$
$$+ s(u_\mathrm{B}(t) - 2u_\mathrm{P}(t) + u_\mathrm{D}(t)) + \Delta t m Q_\mathrm{P}(t) \quad (2.16)$$

となる．

2.3 移流拡散現象のシミュレーション

(a) 1次元移流問題

流れの中に汚染物質が注入されたとする．この汚染物質があまり水のなかで広がらない（拡散しない）と仮定すると，汚染物質は流れによって一方的に下流側に運ばれる．したがって，ある時刻に汚染物質がどこにあるかを知るためには，2.1節で述べたように汚染物質を粒子で代表させて，粒子の位置を追跡すればよい．すなわち，このような現象のシミュレーションには粒子を用いた方法が適している．一方，実際には汚染物質に限らずすべての物質は，濃さ（濃度）が一様に分布しようとする傾向があり，**拡散現象**とよばれている．たとえば，煙突から出る煙を観察すると，煙は風にのって流されながら，幅が広がりぼやけていく（拡散する）．このように，ある物理量が流されながら拡散していく現象を**移流拡散現象**，拡散せずに一方的に流されていく現象を**移流現象**とよぶ．

拡散現象をシミュレーションするためには，粒子を用いた方法も可能であるが，前節のように考えている領域を格子に分けて議論する方が簡単である．このような理由から，移流拡散現象も格子に分けた方法で取り扱う方が便利であるため，移流現象を格子で取り扱う方法を考えてみよう．

話を簡単にするため，まず1次元の問題を考える．粒子の場合と同様に高速道路とそこを走る自動車というのがひとつのモデルになるが，ここでは自動車

の台数が非常に多いとする．高速道路を小区間に分けるが，その区間内にも多くの自動車が走っている．区間を区切る点を高速道路の決まった位置にとり，1つの区間内の自動車の台数に着目する．自動車の速度はとりあえず一定であると仮定するが，区間ごとに自動車の台数は異なっていてもよい．

このような状況の高速道路を上空から見たとする．道路には車の密度の高い部分や低い部分があり，それらが車の速度と同じ速さで移動していくのが観察される．一方，高速道路上の固定地点で観察すると，混んだ部分や空いた部分がつぎつぎに通過していく．このような自動車の混み方をある区間内に存在する自動車の台数 n で表すことにする．n は自動車の速度で高速道路内を伝わっていくため，移流現象とみなせる．

そこで，固定点における n（固定点を含む 1 つの区間に存在する自動車の台数）を求める方法を考える．前述のとおり自動車はある固定点から隣りの固定点の間では一様に存在する（いいかえれば各区間内では自動車は等間隔に並んでいる）と仮定する．話を具体的にするため，たとえば図 2.17 の区間 AB に 100 台，区間 BC に 60 台自動車があるとする．このとき，各区間の代表点として，それぞれの区間の中点 P, Q をとり，点 P, Q における n を n_P および n_Q と記せば，$n_\mathrm{P} = 100$, $n_\mathrm{Q} = 60$ となる．一様に自動車が存在するということは，たとえば A から P の間の自動車の台数が 50 台存在するということを意味する．さらに，それぞれの区間幅は同じで Δx, 自動車の速さはすべて c で右方向に進んでいると仮定する．

以上の状況から Δt 後に n_Q はどうなるかを考える．各自動車は $c\Delta t$ 進むため，BC 間からは割合として，$c\Delta t/\Delta x$ の自動車が出て行くことになる．たとえば，距離 $c\Delta t$ が BC の幅の 3 割，すなわち $c\Delta t = 0.3\Delta x$ ならば，3 割の自動車が出て行く．もとの台数が n_Q であったため，出て行く台数は $n_\mathrm{Q} c\Delta t/\Delta x$ である．逆に BC 間に残っている自動車は $n_\mathrm{Q}(1 - c\Delta t/\Delta x)$ になる．一方，BC

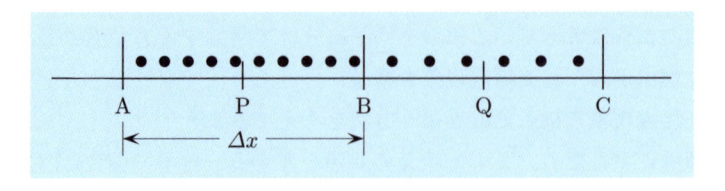

図 2.17　高速道路内の自動車の分布（● は 10 台）

間には左から自動車が入ってくる．その台数は同様に考えて $n_\mathrm{P} c \Delta t / \Delta x$ になる．したがって，Δt 後の BC 間の台数 $n_\mathrm{Q}(t+\Delta t)$ は

$$n_\mathrm{Q}(t+\Delta t) = (1-\mu)n_\mathrm{Q}(t) + \mu n_\mathrm{P}(t) \quad \text{ただし} \quad \mu = c\frac{\Delta t}{\Delta x} \tag{2.17}$$

で与えられる．

この式を用いれば（道路が無限に長いとして）初期の台数 $n_\mathrm{Q}(0)$ を各格子点で与えることにより，時間ステップ Δt 刻みに各格子点で台数を求めることができる．なお，このモデルでは，各区間内では Δt 後に一瞬にして車の間隔は一様になるとしているため，実際の現象を正確に表現しているのではなく，あくまでも近似のモデルになっている．この近似の効果が結果にどのような影響を及ぼすかについては次の例をとおして見ることにする．

例 1 高速道路を走る自動車のモデルにおける解の例

初期の自動車の分布が図 2.18 の左の青い折れ線に示すようなものであったとする（左から次々に自動車が入ってくるとする）．式 (2.17) を用いて，時間を進めていったときの分布を同じ図に示す．ただし，式 (2.17) のパラメータ μ として 0.5 をとっている．これは，たとえば $c=72\,\mathrm{km/h}=20\,\mathrm{m/s}$，$\Delta x = 200\,\mathrm{m}$ としたとき，$\Delta t = 5\,\mathrm{s}$ にとったことに対応する．もし，移流方程式が正確に解けていれば，形は変化せずに右に伝わるが，近似を行ったために，徐々に波形は低くなりながら広がっていく（これは拡散していることを意味している）．□

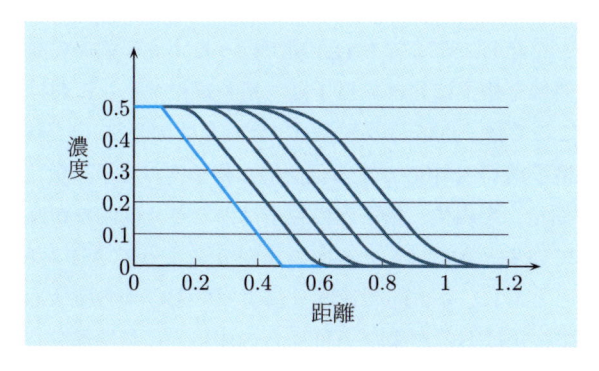

図 2.18 式 (2.17) の解の例

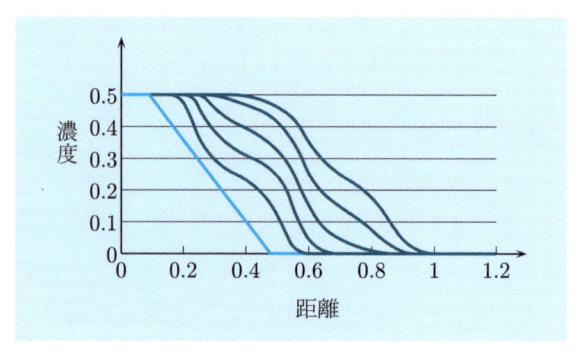

図 2.19　u が場所の関数の場合の結果

いままでは自動車の速度が一定の場合を想定してきた．次に速度が場所の関数である場合を考える．このときの自動車の分布がどうなるかを想像することは難しくなるが，速度が場所によって異なっていても式 (2.17) は近似として成り立つことを使えばシミュレーションすることができる．ただし，この場合，c（したがって μ）は場所の関数になる．

図 2.19 はそのような場合のシミュレーション例であり台数の分布が変化していることがわかる．

(b)　2 次元移流問題

次に (a) 項の考え方を 2 次元に拡張してみよう．すなわち，今度は平面内での移流現象（**2 次元移流現象**）を取り扱う．自動車の例ではこのような 2 次元的な広がりをもった現象はあまりないので，多数の粒子が水面に浮かんでいる状況を考える．ただし，ここでも (a) 項で行ったように個々の粒子を追跡するのではなく，領域を格子に分けて格子点（格子線の交点）における粒子の分布を議論する．ここで格子点における粒子の分布とは図 2.20 の点線に示すように着目している格子点 O を中心とする仮想的な格子内の粒子の数（あるいは**数密度 = 粒子数/面積**）を表す．格子内の粒子は，たとえば流れが左下から右上に向かって流れているときには，x 方向の速度 u によって AB から流入し，CD から流出するとともに，y 方向の速度 v によって BC から流入し，AD から流出する．ここで，u は BC および AD からの流出入に無関係で，v も AB および CD からの流出入に無関係なので，1 次元のときの考え方をそのまま各方向に適用すればよい．このような考察から，点 O における粒子数を n_O などと書

2.3 移流拡散現象のシミュレーション

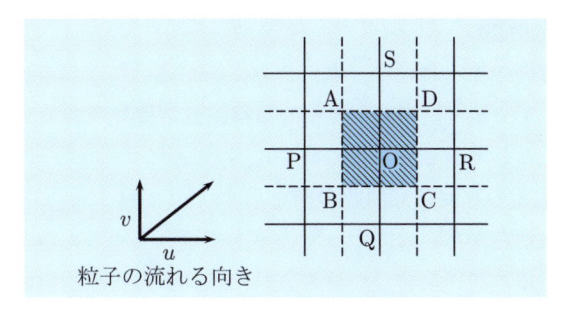

図 2.20 2 次元移流問題

けば,式 (2.17) を参考にして時刻 $t+\Delta t$ における粒子数は時刻 t における粒子数を用いて

$$n_O(t+\Delta t) = (1-\mu-\lambda)n_O(t) + \mu n_P(t) + \lambda n_Q(t) \quad (u>0, v>0) \quad (2.18)$$

(ただし $\mu = u\Delta t/\Delta x$, $\lambda = v\Delta t/\Delta y$)

と書けることがわかる.

式 (2.18) を導くとき流れが左下から右上に向かって流れている ($u>0, v>0$) ことを用いている.すなわち,式では上流側の点を使っている.高速道路の例では自動車が逆行することはないが,流れは一般的にはどのような方向に流れていてもよいので,$u>0, v>0$ 以外の場合に対しても式を作っておく必要がある.このことは,上流側がどの点であるかに注意すれば困難なくできる.可能性としては 4 ケースしかないので,残りのケースについてそれぞれ計算式を記すと

$$n_O(t+\Delta t) = (1-\mu-\lambda)n_O(t) + \mu n_P(t) + \lambda n_S(t) \quad (u>0, v<0)$$

$$n_O(t+\Delta t) = (1-\mu-\lambda)n_O(t) + \mu n_R(t) + \lambda n_Q(t) \quad (u<0, v>0)$$

$$n_O(t+\Delta t) = (1-\mu-\lambda)n_O(t) + \mu n_R(t) + \lambda n_S(t) \quad (u<0, v<0)$$

となる.なお,絶対値記号を用いると上の式は 1 つの式

$$n_O(t+\Delta t) = n_O(t) - \frac{\mu}{2}(n_R(t)-n_P(t)) + \frac{|\mu|}{2}(n_R(t)-2n_O(t)+n_P(t))$$
$$- \frac{\lambda}{2}(n_S(t)-n_Q(t)) + \frac{|\lambda|}{2}(n_S(t)-2n_O(t)+n_Q(t)) \quad (2.19)$$

にまとめることができる.

(c) 移流拡散問題

煙突から出る煙の振る舞いは，風によって煙が運ばれながら煙自身は拡散していくという（3次元空間内の）典型的な**移流拡散問題**である．本項では移流拡散現象のシミュレーション法について述べる．

はじめに1次元の移流拡散問題の例を示す．図 2.21 に示すような細長い水路があって，水が左から右に向かって等速度で流れているものとする．ある瞬間に水路内のある点に汚染物質が注入された後，この汚染物質はどのように広がっていくかをシミュレーションによって調べる．

水路を微小区間に分けて，格子点 O における汚染物質の濃度を n_O とする．このとき，時刻 $t + \Delta t$ における濃度 $n_O(t + \Delta t)$ は拡散と移流の 2 つの効果の和と考えられるため，式 (2.14) と式 (2.17) を参照して，時刻 t における隣接点の濃度から

$$n_O(t + \Delta t) = (1 - \mu)n_O(t) + \mu n_P(t) + r n_P(t) - 2r n_O(t) + r n_Q(t) \quad (2.20)$$

のように決められる．ただし，$\mu = u\Delta t/\Delta x$，$r = k\Delta t/c(\Delta x)^2$ である．

シミュレーション例として，初期に図 2.22 のいちばん左の青い折れ線の形をした濃度分布を与え，また特に式 (2.20) に現れるパラメータとして $r = 0.2$，$\mu = 0.5$ としたときの結果を図 2.22 に示す．ただし，図の距離 = 0 の点では汚染物質が一様な濃度で常に流入すると仮定している．この図の横軸は水路に沿った長さ，縦軸は濃度で，1 つの図にいくつかの時刻における濃度分布が示されている．汚染物質が下流に向かって流されるとともに，広範囲に広がっていく様子が示されている．

次に 2 次元の移流拡散問題の例を示すために，図 2.23 に示すように一方が岸になっている海を考える．そして岸の一部から汚染物質が海に流れ込んでいるとする．さらに沿岸には，潮流などの流れがあるとする．海は本来は広いが，着目部分を中心としたある一定の広がりをもった領域だけを考えることにする．また各地点における流速も既知であるとする．このような条件のもとで汚染物質の分布を時間的に追跡してみよう．

この場合にも領域を格子に分割する．そして各格子点における濃度を求めることにする．2 次元の拡散現象の近似式 (2.15) および 2 次元の移流現象の近似式 (2.19)（この場合，流れがどの方向を向いていても式を変化させずにシミュ

2.3 移流拡散現象のシミュレーション

レーションするため式 (2.19) を使う）を参照すると，時刻 $t+\Delta t$ での格子点 O における濃度 $n_O(t+\Delta t)$ は，隣接格子点の時刻 t での値を用いて

$$n_O(t+\Delta t) = n_O(t) - \frac{\mu}{2}(n_R(t) - n_P(t))$$
$$+ \left(\frac{|\mu|}{2} + r\right)(n_R(t) - 2n_O(t) + n_P(t)) - \frac{\lambda}{2}(n_S(t) - n_Q(t))$$
$$+ \left(\frac{|\lambda|}{2} + s\right)(n_S(t) - 2n_O(t) + n_Q(t)) \tag{2.21}$$

（ただし，$\mu = u\Delta t/\Delta x$, $\lambda = v\Delta t/\Delta y$, $r = k\Delta t/c(\Delta x)^2$, $s = k\Delta t/c(\Delta y)^2$）から計算できる（図 2.24）．

汚染物質は図 2.23 の MN の部分から常に注入されているとして，そこでの濃度を 1 に固定し，その他の岸の部分ではとりあえず汚染物質の濃度は近似的に 1 つ海側の格子点上の濃度と等しい（岸に染み入まないことを意味する）とみなせする．他の境界は発生源から遠くにあるので，汚染物質の濃度は 0 と仮定する（ただし，下線側では 1 つ内側と等しい）．このような条件のもとで，

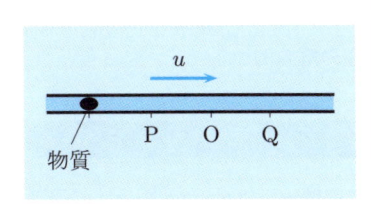

図 2.21　1 次元移流拡散問題

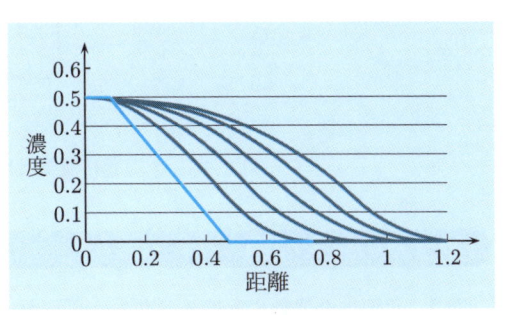

図 2.22　1 次元移流拡散問題の解の例

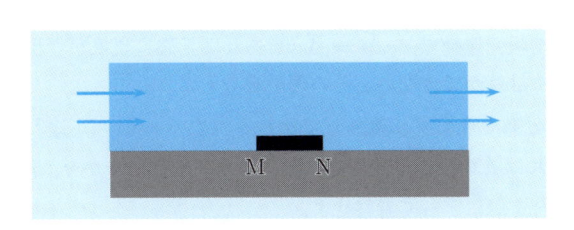

図 2.23　2 次元移流拡散問題

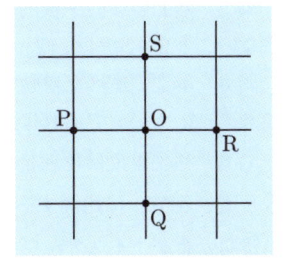

図 2.24　格子点

流速分布を変化させたときのシミュレーション結果を図 2.25 に示す．(a) は岸に平行で一様な潮流がある場合であり，(b) は潮流の方向が時間とともに左右に変化する場合で式 (2.21) の流速を時間ステップごとに変化させている．

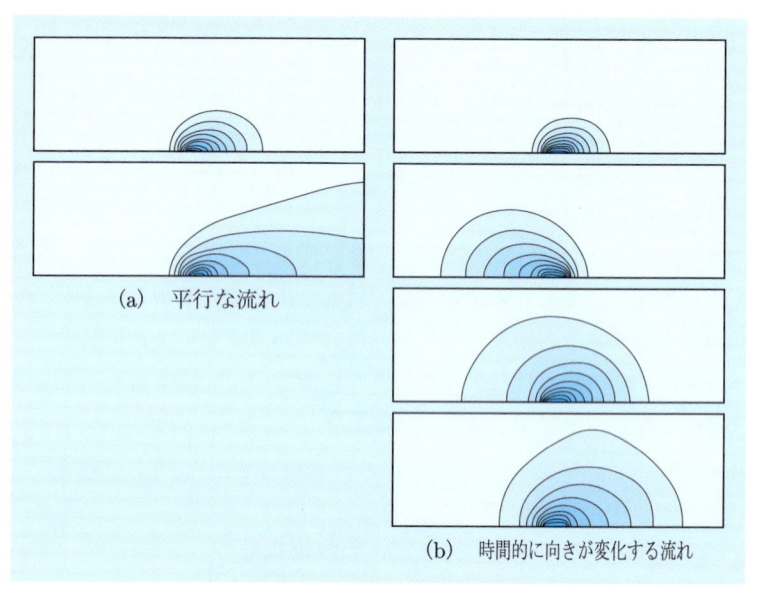

図 2.25　2 次元移流拡散問題の解の例

第 2 章の章末問題

問 1　平面内を運動する粒子が点 (x, y) において速度 $\boldsymbol{v} = (x, -y)$ を受けて運動する場合の粒子の軌跡を本文にならって求めよ．

問 2　熱源のない平板内の熱平衡状態の温度は，境界の温度よりも高くも低くもならないことを示せ（式 (2.12) を用いる）．

問 3　本文で述べた自動車の 1 次元運動で，$c \Delta t = \Delta x$ であれば正確に現象が表現でき，$c \Delta t > \Delta x$ であればうまく計算ができない．その理由を考えよ．

問 4　移流現象は物理量 u が分布を変えずに速さ c で伝わる現象である．ここで，もし速さ c が u に比例するとすれば u の分布は時間的にどのように変化するかを，u の初期分布がサインカーブの場合を例にとって考察せよ．

第3章
常微分方程式

シミュレーションの本質は1章と2章ですでに述べたが，本格的なシミュレーションを行うためには，やはり微分方程式をもとにする方が簡単である．本章では偏微分方程式（独立変数が複数個ある微分方程式）によるシミュレーションへの導入として，その基本となる常微分方程式（独立変数が1つの微分方程式）についてやさしく解説する．はじめに，いろいろな現象が常微分方程式によって記述できることを示す．その後で微分方程式をコンピュータを使って解くことがどういうことなのかについて詳しく述べる．このとき，2章で得た知識が役に立つ．さらに，正確なシミュレーションを行うためには近似の精度も重要になるため精度のよい解法も紹介する．

●本章の内容●
常微分方程式の例
初期値問題1
初期値問題2
境界値問題

3.1 常微分方程式の例

微分方程式によって記述される現象の例をいくつか挙げる．

(a) 直線運動

もっとも簡単な例として，一直線上を速度 u で運動している質点を考える．この直線を x 軸にとれば，質点の位置 x は時間 t の関数になり $x = x(t)$ と書ける．また速度は位置を時間で微分したものであるから，

$$\frac{dx}{dt} = u \tag{3.1}$$

となる．式 (3.1) は導関数を含んだ方程式であるため，微分方程式という（独立変数が 1 つの場合にはそのことをはっきりさせるため特に**常微分方程式**ということもある）．ここでもし速度が時間によらず一定であれば方程式は簡単に解くことができる．実際，式 (3.1) の両辺を t で積分すれば，

$$x = \int \frac{dx}{dt} dt = \int u\, dt = u \int dt = ut + C$$

となる．ただし，C は任意の定数であり，**積分定数**という．

積分定数を定めるためには，たとえば $t = 0$ における質点の位置 x を指定する．もし，$t = 0$ において質点が原点にあったとすれば，上式に $t = 0$, $x = 0$ を代入して $0 = u \times 0 + C$ から $C = 0$ となるため，

$$x = ut$$

という周知の解が得られる．微分方程式の積分定数を一通りに決めるための条件を**境界条件**というが，特に時間が 0 における条件を**初期条件**とよんでいる．

次に，速度が一定でなく時間の関数である場合を考えてみよう．このとき，$u = u(t)$ となるため，質点の位置は

$$x = \int u(t)\, dt$$

で表される．$u(t)$ が関数の形で与えられていれば，この不定積分を実行すればよい．また，観測値のようにある時間間隔ごとに速度が数値で与えられていて，指定された時間 T までに進んだ距離を求める場合には，もとの微分方程式を区間 $[0, T]$ で定積分して

3.1 常微分方程式の例

$$\int_0^T \frac{dx}{dt}dt = \int_0^T u(t)dt$$

とすればよい．このとき，左辺は $x(T) - x(0)$ であるから

$$x(T) = x(0) + \int_0^T u(t)dt$$

となる．ただし，右辺の値は**数値積分**を利用して求める．

(b) 力を受けて運動する質点

本項では **2 階微分方程式**について考える．1 章でも述べたがニュートンの第 2 法則は

$$F = ma \tag{3.2}$$

で表される．ここで F は質点に働く力，m は質点の質量，a は質点の加速度である．本来は F と a はベクトル量であるが，ここでは簡単のため 1 次元の運動を考え，両方ともスカラー量としよう．質点の位置を x とした場合，それは一般には時間の関数であり，$x = x(t)$ と書ける．加速度は速度の時間微分であるから，位置に関しては 2 階微分になる．そこで式 (3.2) は

$$m\frac{d^2x}{dt^2} = F \tag{3.3}$$

という 2 階微分方程式になる．

自由落下運動　物体（質点）の落下運動を考えてみよう．この場合，質量 m の質点に働く重力は重力加速度を g としたとき下向きに mg であるから，x 方向を鉛直上向きにとれば，ニュートンの運動方程式は

$$m\frac{d^2x}{dt^2} = -mg$$

と書ける．ここで g は定数なので，時間 t について 1 回積分して

$$\frac{dx}{dt} = -gt + C \tag{3.4}$$

となり，さらにもう 1 回 t について積分して

$$x = -\frac{1}{2}gt^2 + Ct + D \tag{3.5}$$

となる．ただし，C と D は積分定数である．このように2階微分方程式の解には積分定数が2つ現れる．そこで，解を一通りに定めるためには2つの条件を課す必要がある．たとえば，時間が0のとき質点の高さが4で，質点の速度が0であったとすれば，この条件は

$$x(0) = 4, \quad \frac{dx}{dt}(0) = 0$$

と書ける．そこで式 (3.4), (3.5) から

$$0 = C, \quad 4 = D$$

となるから，質点の位置は時間の関数として

$$x = -\frac{1}{2}gt^2 + 4$$

というように定まる．このようにある特定の時間において関数の値と導関数の値を与えて解を求める問題を**初期値問題**とよんでいる．

次に別の条件を与えてみよう．運動をたとえば時間が0と4の間に制限したとする．そして $t = 0$ のとき $x = 4$ で，$t = 4$ のとき $x = 0$ となるような運動を求めてみる．このとき，式 (3.5) から

$$4 = D, \quad 0 = -8g + 4C + D$$

となるから

$$D = 4, \quad C = 2g - 1$$

が得られる．したがって，解は

$$x = -\frac{1}{2}gt^2 + (2g-1)t + 4$$

となる．このように考えている区間の両端において条件を満足する解を求める問題を**境界値問題**という．

ばねの運動 ばねに質量 m のおもりをつけて水平面上を振動させたとする．このような運動を**単振動**という．おもりと面の間に摩擦がないとすれば，質点に働く力はばねの復元力だけである．一方，ばねの平衡位置からのずれを x とすれば，**フックの法則**から $F = -kx$ と書ける．ここで k はばねの強さで決まる

3.1 常微分方程式の例

定数で**ばね定数**とよばれる．このときニュートンの運動方程式は

$$m\frac{d^2x}{dt^2} = -kx \tag{3.6}$$

という2階微分方程式になる．なお，この方程式の解は A と B を積分定数として

$$x = A\cos\omega t + B\sin\omega t \quad \left(\omega = \sqrt{k/m}\right)$$

となることがもとの方程式に代入することによって確かめられる．

積分定数を定めるために，たとえば $t=0$ において $x=0$, $dx/dt=1$ という条件（初期条件）を課せば

$$\frac{dx}{dt} = \omega(-A\sin\omega t + B\cos\omega t)$$

であるから

$$0 = A\times 1 + B\times 0, \quad 1 = \omega(-A\times 0 + B\times 1)$$

すなわち

$$A = 0, \quad B = \frac{1}{\omega}$$

となる．したがって，解は

$$x = \frac{\sin\omega t}{\omega}$$

である．

次に，たとえば $t=0$ のとき $x=0$ および $t=1$ のとき $x=1$ という条件（境界条件）を課せば

$$0 = A\times 1 + B\times 0, \quad 1 = A\times\cos\omega + B\times\sin\omega$$

から

$$A = 0, \quad B = \frac{1}{\sin\omega}$$

となる．したがって，解として

$$x = \frac{\sin\omega t}{\sin\omega} \tag{3.7}$$

が得られる．

3.2 初期値問題 1

前節では実在現象と結びついたいろいろな微分方程式を例として挙げ，その解も求めた．ただし，このような簡単な微分方程式で実在現象が記述される場合はむしろ例外的で一般には解析的な手段では手に負えないような複雑な方程式になる．そこで以下，式の形では解けない微分方程式を数値的に取り扱う方法を紹介する．ただし，前節で述べた初期値問題と境界値問題では取り扱い方が異なるため節を分けて説明することにする．

(a) 1 階微分方程式

はじめに微分方程式

$$\frac{dx}{dt} = x$$

を初期条件

$$x(0) = 1$$

のもとで解くことを考える．コンピュータでは微分することができないため，微分方程式に現れる微分を**数値微分**で置き換えてみよう．h が小さいときは

$$\frac{dx}{dt} = \lim_{h \to 0} \frac{x(t+h) - x(t)}{h} \sim \frac{x(t+h) - x(t)}{h} \tag{3.8}$$

と近似できる（**前進差分**という）．ここで記号 $\sim$ は近似を表す．そこでもとの微分方程式は

$$\frac{x(t+h) - x(t)}{h} = x(t)$$

すなわち

$$x(t+h) = x(t) + hx(t) = (1+h)x(t) \tag{3.9}$$

と近似できる．この式は時間 t における x の値から微小な時間 h 後の x の値を求める式とみなすことができる．一方，時間 0 における x の値は与えられているため，この式を繰り返し用いることによって，解の近似値が h 間隔で求まることになる．実際，式 (3.9) で $t=0$ とおけば，$x(0) = 1$ を用いて

$$x(h) = (1+h)x(0) = 1+h$$

3.2 初期値問題 1

となる．次に式 (3.9) で $t = h$ とおいて，すぐ上の結果を用いれば

$$x(2h) = (1+h)x(h) = (1+h)(1+h) = (1+h)^2$$

となる．以下，同様に式 (3.9) で順に $t = 2h$, $t = 3h$ などと置いていけば

$$x(3h) = (1+h)x(2h) = (1+h)(1+h)^2 = (1+h)^3$$
$$x(4h) = (1+h)x(3h) = (1+h)(1+h)^3 = (1+h)^4$$
$$\cdots$$

となる．この式から $t = nh$ のとき

$$x(nh) = (1+h)^n$$

という近似解が得られることがわかる．このように 1 階微分方程式の微分を前進差分で置き換えて解く方法を**オイラー法**とよんでいる．

いま，$nh = T$ とおけば，オイラー法で求めたもとの方程式の解は

$$x(T) = \left(1 + \frac{T}{n}\right)^n \tag{3.10}$$

と書ける．一方，厳密解は

$$x(T) = e^T$$

である．ここで式 (3.10) の時間間隔 $h (= T/n)$ を限りなく小さくしてみよう．このとき，$n \to \infty$ となるが，式 (3.10) はこの極限において上の厳密解に一致する（指数関数の定義式）ことがわかる．

オイラー法は次の形をした任意の 1 階微分方程式の初期値問題に適用できる：

$$\frac{dx}{dt} = f(t, x) \tag{3.11}$$
$$x(0) = a$$

ここで，f は t と x に関して形が与えられた関数である．式 (3.11) の微分を前進差分で置き換えると

$$\frac{x(t+h) - x(t)}{h} = f(t, x(t))$$

すなわち，

$$x(t+h) = x(t) + hf(t, x(t)) \tag{3.12}$$

となる．この式も時間 t における値から，時間 $t+h$ の値を求める式とみなせる．特にこの式で $t = nh$ とおけば

$$x((n+1)h) = x(nh) + hf(nh, x(nh))$$

となる．記法を簡単にするため，$nh = t_n$ および

$$x(0) = x_0, x(h) = x_1, \cdots, x(nh) = x_n, \cdots$$

とおくと式 (3.12) の下の式は

$$\begin{aligned} x_{n+1} &= x_n + hf(t_n, x_n) \\ t_{n+1} &= t_n + h \end{aligned} \tag{3.13}$$

となる．式 (3.13) は x_n が与えられれば，$f(t_n, x_n)$ は計算できる量であるから，**漸化式**になっている．そこで，$x_0 = a$ からはじめて，式 (3.13) の n を $0, 1, 2, \cdots$ と順に増やしていくことにより，方程式 (3.13) の解が h 刻みに求まる（図 3.1）．

例 1　オイラー法によるリッカチの方程式の近似解

1 階微分方程式

$$\frac{dx}{dt} = (t^2 + t + 1) - (2t+1)x + x^2$$

を初期条件 $x(0) = 0.5$ のもとで解いてみよう．この方程式は**リッカチの方程式**[†]とよばれるものの 1 種である．この場合には厳密解

$$x = \frac{te^t + t + 1}{e^t + 1}$$

をもつ．

この方程式をオイラー法で近似すれば

$$x_{n+1} = x_n + h((t_n^2 + t_n + 1) - (2t_n + 1)x_n + x_n^2)$$

となる．ここで $h = 0.1$ とすれば

[†] $\dfrac{dx}{dt} = p(t) + q(t)x + r(t)x^2$ をリッカチの方程式という．一般にリッカチの方程式は求積法では解が求まらない．

$$x_1 = x_0 + h((t_0^2 + t_0 + 1) - (2t_0 + 1)x_0 + x_0^2)$$
$$= 0.5 + 0.1 \times ((0^2 + 0 + 1) - (2 \times 0 + 1) \times 0.5 + 0.25) = 0.575$$
$$x_2 = x_1 + h((t_1^2 + t_1 + 1) - (2t_1 + 1)x_1 + x_1^2)$$
$$= 0.575 + 0.1 \times ((0.1^2 + 0.1 + 1) - (2 \times 0.1 + 1) \times 0.575 + (0.575)^2)$$
$$= 0.65006$$

というように順に解が求まる．計算結果と厳密解との比較を表3.1 に示す． □

（b） 2階微分方程式と連立微分方程式

次に2階微分方程式の初期値問題を考えてみよう．前節で例に挙げた単振動の方程式の初期値問題で $k = 1$, $m = 1$ とおいた方程式

$$\frac{d^2x}{dt^2} = -x$$

$$x(0) = 0, \quad \frac{dx}{dt}(0) = 1$$

を考える．$y = dx/dt$ とおけば，$dy/dt = d^2x/dt^2$ となるから，もとの方程式は2元の連立1階微分方程式

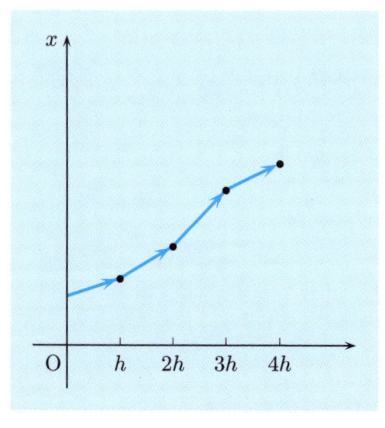

図 3.1　オイラー法

表 3.1　オイラー法

t の値	近似解	厳密解
0.00000	0.50000000	0.50000000
0.10000	0.57499999	0.57502085
0.20000	0.65006250	0.65016598
0.30000	0.72531188	0.72555745
0.40000	0.80086970	0.80131233
0.50000	0.87685239	0.87754065
0.60000	0.95336890	0.95434374
0.70000	1.03051901	1.03181231
0.80000	1.10839140	1.11002553
0.90000	1.18706274	1.18905067
1.00000	1.26659691	1.26894152

$$\frac{dx}{dt} = y$$
$$\frac{dy}{dt} = -x$$

を，初期条件

$$x(0) = 0, \quad y(0) = 1$$

のもとで解くことに帰着される．そこで，各方程式にオイラー法を適用すれば，

$$\frac{x(t+h) - x(t)}{h} = y(t)$$
$$\frac{y(t+h) - y(t)}{h} = -x(t)$$

から

$$x(t+h) = x(t) + hy(t) \tag{3.14}$$
$$y(t+h) = y(t) - hx(t) \tag{3.15}$$

となる．これらの式も，時間 t での値から時間 $t+h$ の値を求める式と見なせる．初期条件から $x(0)$ と $y(0)$ の値は既知であるから，まず式 (3.14), (3.15) に $t=0$ を代入して右辺を計算すれば，$x(h)$ と $y(h)$ が求まる．次に式 (3.14), (3.15) に $t=h$ を代入すれば，上で計算した $x(h)$ と $y(h)$ を用いて右辺を計算して，$x(2h)$ と $y(2h)$ が求まる．以下，同様にすれば $x(2h)$ と $y(2h)$ から $x(3h)$ と $y(3h)$ が，$x(3h)$ と $y(3h)$ から $x(4h)$ と $y(4h)$ が，というように h 刻みに x と y が同時に計算できることになる．

別の例として連立微分方程式

$$\frac{dx}{dt} = -3x - 2y + 2t$$
$$\frac{dy}{dt} = 2x + y - \sin t$$

を初期条件

$$x(0) = 4.5, \quad y(0) = -6.5$$

のもとで解くことを考える．これらの式は式 (3.13) で用いた記法を使えば

3.2 初期値問題 1

$$x_{n+1} = x_n + h(-3x_n - 2y_n + 2t_n)$$
$$y_{n+1} = y_n + h(2x_n + y_n - \sin t_n)$$
$$t_{n+1} = t_n + h$$

と近似される．そこで $h = 0.1$ とすれば

$$x_1 = 4.5 + 0.1 \times (-3 \times 4.5 - 2 \times (-6.5) + 2 \times 0) = 4.45$$
$$y_1 = -6.5 + 0.1 \times (2 \times 4.5 - 6.5 - \sin 0) = -6.25$$
$$x_2 = 4.45 + 0.1 \times (-3 \times 4.45 - 2 \times (-6.25) + 2 \times 0.1) = 0.4385$$
$$y_2 = -6.25 + 0.1 \times (2 \times 4.45 - 6.25 - \sin(0.1)) = -5.9950$$

というように順に解の近似値が求まる．次ページの表 3.2 にはこのようにして得られた数値解と厳密解

$$x = \left(-\frac{1}{2} + t\right)e^{-t} + (-2t + 6) - \cos t$$
$$y = -te^{-t} + (4t - 8) + \frac{3}{2}\cos x - \frac{1}{2}\sin t$$

との比較を示す．

この手順は一般の 2 元の連立 1 階微分方程式の初期値問題

$$\begin{aligned} \frac{dx}{dt} &= f(t, x, y) \\ \frac{dy}{dt} &= g(t, x, y) \\ x(0) &= a, \quad y(0) = b \end{aligned} \tag{3.16}$$

に対しても全く同様にあてはめることができる．なぜなら，各微分係数を前進差分で置き換えて変形すれば

$$x(t + h) = x(t) + hf(t, x(t), y(t))$$
$$y(t + h) = y(t) + hg(t, x(t), y(t))$$

となるため，t における関数値を用いて $t + h$ の関数値がただちに計算できるからである．この式を漸化式の形に書き表すとさらにわかりやすくなる．すなわち，$x(nh) = x_n, y(nh) = y_n, nh = t_n$ とおくことによって

表 3.2 連立微分方程式の解

t の値	x の近似解	x の厳密解	y の近似解	y の厳密解
0.00000	4.50000000	4.50000000	−6.50000000	−6.50000000
0.10000	4.44999981	4.44306087	−6.25000000	−6.22789391
0.20000	4.38499975	4.37431383	−5.99498320	−5.99298096
0.30000	4.30849648	4.29649973	−5.73734856	−5.73700094
0.40000	4.22341728	4.21190691	−5.47893620	−5.48124599
0.50000	4.13217926	4.12241745	−5.22108841	−5.22660446
0.60000	4.03674316	4.02954578	−4.96470404	−4.97360468
0.70000	3.93866110	3.93447495	−4.71028996	−4.72245455
0.80000	3.83912086	3.83809137	−4.45800829	−4.47308064
0.90000	3.73898625	3.74101758	−4.20772076	−4.22516108
1.00000	3.63883448	3.64363718	−3.95902824	−3.97816110
1.10000	3.53898978	3.54612637	−3.71131134	−3.73136735
1.20000	3.43955517	3.44847798	−3.46376514	−3.48391557
1.30000	3.34044170	3.35052633	−3.21543455	−3.23482180
1.40000	3.23139619	3.25196981	−2.96524549	−2.98300934
1.50000	3.14202642	3.14202642	−2.71203566	−2.72733665
1.60000	3.04182577	3.04182577	−2.45458341	−2.46661973
1.70000	2.94019485	2.94019485	−2.19163394	−2.19966030
1.80000	2.83646321	2.83646321	−1.92192483	−1.92526412
1.90000	2.72990918	2.72990918	−1.64420918	−1.64226389
2.00000	2.61977839	2.61977839	−1.35727847	−1.35727847

$$\begin{aligned} x_{n+1} &= x_n + hf(t_n, x_n, y_n) \\ y_{n+1} &= y_n + hg(t_n, x_n, y_n) \\ t_{n+1} &= t_n + h \end{aligned} \quad (3.17)$$

となる．ここで f, g は既知であるから，この式は x_0, y_0 からはじめて

$$x_0, y_0 \quad \to \quad x_1, y_1 \quad \to \quad x_2, y_2 \quad \to \cdots$$

の順に計算できる．なお，同じ方法が連立 1 階微分方程式の元数によらずに適用できる．

(c) 高階微分方程式

連立 1 階微分方程式が解ければ，高階微分方程式の初期値問題も (b) 項に述べたような置き換えによって解くことができる．たとえば，3 階微分方程式

$$\frac{d^3x}{dt^3} = f\left(t, x, \frac{dx}{dt}, \frac{d^2x}{dt^2}\right) \tag{3.18}$$

を初期条件

$$x(0) = a, \quad \frac{dx}{dt}(0) = b, \quad \frac{d^2x}{dt^2}(0) = c$$

のもとでの解を求めるには，

$$y = \frac{dx}{dt}, \quad z = \frac{dy}{dt} = \frac{d^2x}{dt^2}$$

とおけばよい．このとき，もとの 3 階微分方程式は

$$\frac{dz}{dt} = f(t, x, y, z)$$

となるため，この方程式と y および z の定義式

$$\frac{dx}{dt} = y$$

$$\frac{dy}{dt} = z$$

が 3 元の連立 1 階微分方程式を構成することになる．この方程式を，初期条件

$$x(0) = a, \quad y(0) = b, \quad z(0) = c$$

のもとで解けばよい．

なお，一般の 3 元の連立 1 階微分方程式の初期値問題

$$\begin{aligned}
\frac{dx}{dt} &= f(t, x, y, z) \\
\frac{dy}{dt} &= g(t, x, y, z) \\
\frac{dz}{dt} &= p(t, x, y, z) \\
x(0) &= a, \quad y(0) = b, \quad z(0) = c
\end{aligned} \tag{3.19}$$

をオイラー法で解くには以下の漸化式を計算すればよい．

$$\begin{aligned} x_{n+1} &= x_n + hf(t_n, x_n, y_n, z_n) \\ y_{n+1} &= y_n + hg(t_n, x_n, y_n, z_n) \\ z_{n+1} &= z_n + hp(t_n, x_n, y_n, z_n) \\ t_{n+1} &= t_n + h \end{aligned} \qquad (3.20)$$

3.3 初期値問題 2

前節で述べたオイラー法は単純明解な方法であるが，**精度**があまりよくない（あるいは誤差が大きい）という欠点をもつ．本節ではオイラー法の精度をあげる方法について考える．

基本となる 1 階の微分方程式の初期値問題

$$\frac{dx}{dt} = f(t, x)$$
$$x(0) = a$$

を考える．この微分方程式を区間 $[t_n, t_n + h]$ で定積分してみよう（$t_n = nh$）．このとき，

$$\begin{aligned} 左辺 &= \int_{t_n}^{t_n+h} \frac{dx}{dt} dt = \int_{t_n}^{t_{n+1}} dx \\ &= \bigl[x(t)\bigr]_{t_n}^{t_{n+1}} \\ &= x(t_{n+1}) - x(t_n) \\ &= x_{n+1} - x_n \end{aligned} \qquad (3.21)$$

となる．一方，

$$右辺 = \int_{t_n}^{t_n+h} f(t, x) dt$$

となるが，被積分関数 f は未知の x を含んでいるため，このままの形では積分できない．そこで，この積分区間で被積分関数を近似的に定数 $f(t_n, x_n)$ とみなせば

$$\int_{t_n}^{t_n+h} f(t,x)dt \fallingdotseq f(t_n,x_n)\int_{t_n}^{t_n+h} dt = hf(t_n,x_n)$$

となる．この式と式 (3.21) を等値すれば

$$x_{n+1} = x_n + hf(t_n,x_n)$$

となるが，この式はオイラー法と同一である．

次に解法の精度を上げるために定積分を**台形公式**[†]，すなわち

$$\int_{t_n}^{t_n+h} f(t,x)dt \fallingdotseq \frac{h}{2}(f(t_n,x_n) + f(t_n+h,x_{n+1}))$$

で近似してみよう．

この式と式 (3.21) を等しく置けば

$$x_{n+1} = x_n + \frac{h}{2}(f(t_n,x_n) + f(t_n+h,x_{n+1})) \tag{3.22}$$

が得られる．実はこの公式には，右辺にも未知数 x_{n+1} が含まれている．もちろん，この x_{n+1} に関する方程式は非線形方程式に対する**ニュートン法**などを用いれば解けなくはないが，一般に計算が面倒である．そこで以下のような計算を行ってみよう．まず，通常のオイラー法を用いて x_{n+1} を計算するが，これを最終値とはしないため，とりあえず x^* と書くことにする．そしてこの x^* を式 (3.22) の右辺の x_{n+1} のかわりに用いることにする．具体的に式で書けば

$$x^* = x_n + hf(t_n,x_n) \tag{3.23}$$

$$x_{n+1} = x_n + \frac{h}{2}(f(t_n,x_n) + f(t_n+h,x^*)) \tag{3.24}$$

となる．この方法では式 (3.23) を解の予測に，式 (3.24) を解の修正を使っているとみなすことができる．このように解を求める場合に 2 段階を踏み，まず第 1 段階を解の予測に，第 2 段階を修正に使う方法を**予測子－修正子法**とよんでいる．式 (3.23) と (3.24) は次のように書くこともできる：

[†] 台形公式

$$\int_c^d g(x)dx \sim \frac{d-c}{2}(g(c)+g(d))$$

すなわち，区間 $[c,d]$ における関数 $g(x)$ の積分値を，4 点 $(c,0)$, $(c,g(c))$, $(d,0)$, $(d,g(d))$ を頂点とする台形の面積で近似する方法．

$$\begin{aligned}
s_1 &= f(t_n, x_n) \\
s_2 &= f(t_n + h, x_n + hs_1) \\
x_{n+1} &= x_n + \frac{h}{2}(s_1 + s_2) \\
t_{n+1} &= t_n + h
\end{aligned} \tag{3.25}$$

このように書いた場合を**2次のルンゲ-クッタ法**とよぶことがある．なお，常微分方程式の初期値問題を解く場合に標準的に使われる方法は，2次のルンゲ-クッタ法をさらに発展させた次式で与えられる**4次のルンゲ-クッタ法**である：

$$\begin{aligned}
s_1 &= f(t_n, x_n) \\
s_2 &= f(t_n + h/2,\ x_n + hs_1/2) \\
s_3 &= f(t_n + h/2,\ x_n + hs_2/2) \\
s_4 &= f(t_n + h,\ x_n + hs_3) \\
x_{n+1} &= x_n + \frac{h}{6}(s_1 + 2s_2 + 2s_3 + s_4) \\
t_{n+1} &= t_n + h
\end{aligned} \tag{3.26}$$

表 3.3　ルンゲ-クッタ法

t の値	近似解	厳密解
0.00000	0.50000000	0.50000000
0.10000	0.57502079	0.57502085
0.20000	0.65016598	0.65016598
0.30000	0.72555745	0.72555745
0.40000	0.87754065	0.80131233
0.50000	0.87754065	0.87754065
0.60000	0.95434368	0.95434374
0.70000	1.03181219	1.03181231
0.80000	1.11002553	1.11002553
0.90000	1.18905044	1.18905067
1.00000	1.26894140	1.26894152

例2 ルンゲ-クッタ法によるリッカチの方程式の近似解

例1にあげたリッカチの方程式を4次のルンゲ-クッタ法を用いて解いた結果を厳密解とともに表3.3に示す．オイラー法に比べ精度が格段によくなっていることがわかる． □

3.4 境界値問題

3.1節の終わりに述べた単振動の方程式に対する境界値問題

$$\frac{d^2x}{dt^2} + x = 0 \quad (0 < t < 1)$$

$$x(0) = 0, \quad x(1) = 1$$

を**差分法**とよばれる数値解法を用いて解いてみよう．差分法で数値解を求める場合には，方程式が与えられた区間 $[0, 1]$ において連続的に解が求まるわけではなく，区間内にとびとびに分布した点で解が求まることになる．これは初期値問題において解が h きざみで求まったことに対応する．もちろん，求まった離散点における解を何らかの補間法を用いてつなげば，連続的な t に対する x を予測することができるがこのことも初期値問題と同じである．

図3.2に示すように区間を等間隔に J 個の小区間に分割してみる．分割は必ずしも等間隔である必要はないが，等間隔にとった場合には式が簡単になるため等間隔にとることにする．この小区間のことを**差分格子**，また格子の端の点を**格子点**という．差分法では，各格子点における微分方程式の近似解を求めることになる．各格子点を区別するため，たとえば $t = 0$ を0番目として順番に番号をつけて，$t = 1$ が J 番目の格子点になったとしよう．そして，j 番目の格

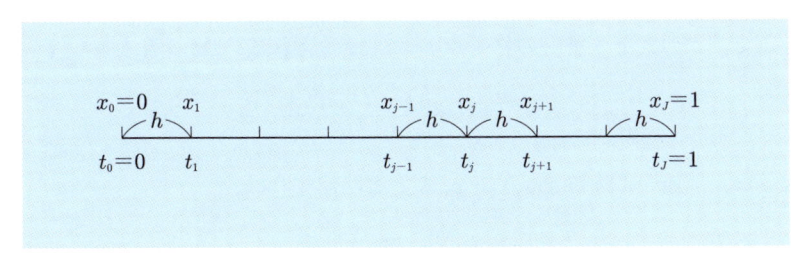

図 3.2　1次元差分格子

子点の t 座標を t_j，その点における微分方程式の近似解を x_j と表すことにする．すなわち

$$x_j \sim x(t_j)$$

とする．ただし，記号 $\sim$ は近似を表わす．

次にオイラー法と同様に微分係数を数値微分で置き換える．この例の方程式では 2 階微分であるから h を差分格子の幅とすれば

$$\frac{d^2 x}{dt^2} \sim \frac{x(t-h) - 2x(t) + x(t+h)}{h^2} \quad (3.27)$$

と近似できる．なぜなら，テイラー展開の公式

$$x(t + \Delta t) = x(t) + \Delta t \frac{dx}{dt} + \frac{1}{2!}(\Delta t)^2 \frac{d^2 x}{dt^2}$$
$$+ \frac{1}{3!}(\Delta t)^3 \frac{d^3 x}{dt^3} + \frac{1}{4!}(\Delta t)^4 \frac{d^4 x}{dt^4} + \cdots$$

$$x(t - \Delta t) = x(t) - \Delta t \frac{dx}{dt} + \frac{1}{2!}(\Delta t)^2 \frac{d^2 x}{dt^2}$$
$$- \frac{1}{3!}(\Delta t)^3 \frac{d^3 x}{dt^3} + \frac{1}{4!}(\Delta t)^4 \frac{d^4 x}{dt^4} + \cdots$$

を式 (3.27) の右辺に代入すれば

$$\frac{x(t - \Delta t) - 2x(t) + x(t + \Delta t)}{(\Delta t)^2} = \frac{d^2 x}{dt^2} + \frac{2}{4!}(\Delta t)^2 \frac{d^4 x}{dt^4} + \cdots$$

となる．ここで，Δt は小さな数であるため，右辺の Δt の 2 次以上のベキは省略でき式 (3.27) が成り立つ．言い換えれば，式 (3.27) を用いた場合には $(\Delta t)^2$ 程度の誤差を含んでいる（他にも $(\Delta t)^4$，$(\Delta t)^6$，$\cdots$ の項もあるが，大きさは $(\Delta t)^2$ が一番大きい）ことがわかる．

そこで，この式を j 番目の格子点 $t = t_j$ で考えれば，$\Delta t = h$ とおいて

$$\left. \frac{d^2 x}{dt^2} \right|_{t=t_j} \sim \frac{x(t_j - h) - 2x(t_j) + x(t_j + h)}{h^2}$$

となるが，前述のように $x(t_j) = x_j$ などと略記すれば

$$\left. \frac{d^2 x}{dt^2} \right|_{t=t_j} \sim \frac{x_{j-1} - 2x_j + x_{j+1}}{h^2} \quad (3.28)$$

3.4 境界値問題

となる．ただし

$$x(t_j - h) = x(t_{j-1}) \sim x_{j-1}, \quad x(t_j + h) = x(t_{j+1}) \sim x_{j+1}$$

を用いた．そこで，もとの微分方程式は

$$\frac{x_{j-1} - 2x_j + x_{j+1}}{h^2} + x_j = 0$$

すなわち

$$x_{j-1} + (h^2 - 2)x_j + x_{j+1} = 0 \tag{3.29}$$

と近似できる．この方程式を**差分方程式**という．ここで，差分方程式は $j = 1, 2, \cdots, J-1$ の合計 $J-1$ 個あることに注意する．一方，未知数は，境界条件から $x_0 = 0$, $x_J = 1$ が課されているため，$x_1, \cdots, x_{J-1}$ の $J-1$ 個ある．このように未知数と方程式の数が一致するため方程式 (3.29) は解けて各格子点における近似解が求まる．

例3 $J = 4$ として境界値問題を解く

この場合，$h = 0.25$ となる．そこで，連立方程式は

$$j = 1: \ 0 + (0.0625 - 2)x_1 + x_2 = 0$$

$$j = 2: \ x_1 + (0.0625 - 2)x_2 + x_3 = 0$$

$$j = 3: \ x_2 + (0.0625 - 2)x_3 + 1 = 0$$

となる．ただし $x_0 = 0$, $x_4 = 1$ 用いた．これから，有効数字4桁で解を求めれば

$$x_1 = 0.2943$$

$$x_2 = 0.5702$$

$$x_3 = 0.8104$$

となる．一方，厳密解を用いれば，同じ有効桁で

$$u(0.25) = \frac{\sin 0.25}{\sin 1} = 0.2940$$

$$u(0.5) = \frac{\sin 0.5}{\sin 1} = 0.5697$$

$$u(0.75) = \frac{\sin 0.75}{\sin 1} = 0.8101$$

となる. □

　上に述べた方法は，他の微分方程式の境界値問題にもそのまま応用できる．なお，境界値問題は初期値問題とは異なり，解を得るためには一般に連立1次方程式を解く必要がある．

第3章の章末問題

問 1　微分方程式 $d^2x/dt^2 = x$ を $x(0) = 1$, $x'(0) = 0$ という初期条件のもとでオイラー法を用いて解き，$t = 1$ における x の近似値を求めよ．ただし，$\Delta t = 0.1$ とする．

問 2　次の2階微分方程式の境界値問題を，区間を4等分して解き，各格子点における関数の近似値を求めよ．

$$\frac{d^2x}{dt^2} + 4x - 16t = 0 \quad (0 < t < 1)$$

$$x(0) = 0, \quad x(1) = 5$$

問 3　平面内で万有引力を及ぼし合って運動している2つの質点 A, B を考える．質点 A の位置を原点とするような座標系で質点 B の運動を記述する微分方程式を求めよ．

第4章
偏微分方程式の差分法による解法

　本章がある意味で本書の中心部分であり，偏微分方程式の数値解法を詳しく解説する．実在現象は空間的な広がりをもち，時々刻々変化するとともに場所によっても変化する．したがって，それを記述するためには時間および空間変数が必要になり必然的に偏微分方程式が現れる．一方，多くの現象は 2 階微分までで表現できるため，2 階の偏微分方程式を解くことがシミュレーションにとって最も重要である．本章では，はじめに代表的な偏微分方程式として，移流方程式（1 階），波動方程式，拡散方程式，ラプラス方程式（それぞれ 2 階）を物理現象から導く．続いて，これらの偏微分方程式の数値解法を詳しく解説する．2 階線形偏微分方程式は双曲型，放物型，楕円型の 3 種類に分類されることが数学で知られているが，上記の 3 つの 2 階偏微分方程式は，それぞれの型の典型例になっている．

●本章の内容●
物理現象からの偏微分方程式の導出
ラプラス方程式の差分解法
拡散方程式の差分解法
移流方程式と波動方程式の差分解法

4.1 物理現象からの偏微分方程式の導出

(a) 移流方程式

物理量が形を変えずに一定方向に伝わっていく現象を考えよう．このような現象を**移流現象**という．図 4.1 に示すように初期の分布が $f(x)$ であり，それが速さ $c > 0$ で x 軸の正の方向に移動するとする．この物理量は例えば 1 秒後には c 進むが，形は変化しないため，もとの関数を右に c だけ平行移動したもの，すなわち $f(x-c)$ となる．さらに 2 秒後には右に $2c$ 進むため，$2c$ 平行移動した $f(x-2c)$ となる．同様に考えると t 秒後には右に ct 進むため，$f(x-ct)$ になることがわかる．すなわち，分布を表す関数 u は

$$u(x, t) = f(x - ct) \tag{4.1}$$

で与えられる．これは 2 つの独立変数の関数である．

この現象を記述する微分方程式を求めてみよう．式 (4.1) を x で微分すれば

$$\frac{\partial u}{\partial x} = \frac{df(x-ct)}{d(x-ct)}\frac{\partial(x-ct)}{\partial x} = f'$$

となり，t で微分すれば

$$\frac{\partial u}{\partial t} = \frac{df(x-ct)}{d(x-ct)}\frac{\partial(x-ct)}{\partial t} = -cf'$$

となる．これら 2 つの式で上の式を c 倍したものを下の式に加えれば f' が消去できて，**1 次元移流方程式**とよばれる

$$\frac{\partial u}{\partial t} + c\frac{\partial u}{\partial x} = 0 \tag{4.2}$$

が得られる．このように移流現象を表す微分方程式は 1 階偏微分方程式になる．式 (4.2) にはもとの分布を表す関数 f が現れていない．このことは偏微分方程式 (4.2) は，どんな分布に対しても，それが形を変えずに伝わっていくという現象を一般的に表している方程式であると解釈できる．

2 次元の場合の移流方程式も同様にして得られる．ただし，移動速度はベクトルになるため，成分表示して $\boldsymbol{c} = (c_x, c_y)$ と記すことにする．このとき，t 秒後の分布は初期の分布 $f(x, y)$ を x 方向に $c_x t$，y 方向に $c_y t$ 平行移動したものである．そこで，式 (4.1) を参考にすれば，t 秒後における物理量は

4.1 物理現象からの偏微分方程式の導出

$$u(x, y, t) = f(x - c_x t, y - c_y t) \tag{4.3}$$

となる．上式から関数 f を消去するため，x, y, t で微分すると

$$u_x = f_\xi, \quad u_y = f_\eta, \quad u_t = -c_x f_\xi - c_y f_\eta$$

となるため

$$\frac{\partial u}{\partial t} + c_x \frac{\partial u}{\partial x} + c_y \frac{\partial u}{\partial y} = 0 \tag{4.4}$$

という偏微分方程式が得られる．この方程式を **2 次元移流方程式**という．なお，ベクトル解析における**ナブラ演算子**

$$\nabla = \boldsymbol{i} \frac{\partial}{\partial x} + \boldsymbol{j} \frac{\partial}{\partial y} \tag{4.5}$$

を導入すると，2 次元移流方程式は

$$\frac{\partial u}{\partial t} + (\boldsymbol{c} \cdot \nabla) u = 0 \tag{4.6}$$

と書くことができる．この式は 3 次元でも成り立つ．ただし，3 次元では

$$\begin{aligned}\boldsymbol{c} &= (c_x, c_y, c_z), \\ \nabla &= \boldsymbol{i} \frac{\partial}{\partial x} + \boldsymbol{j} \frac{\partial}{\partial y} + \boldsymbol{k} \frac{\partial}{\partial y} \end{aligned} \tag{4.7}$$

と解釈する．

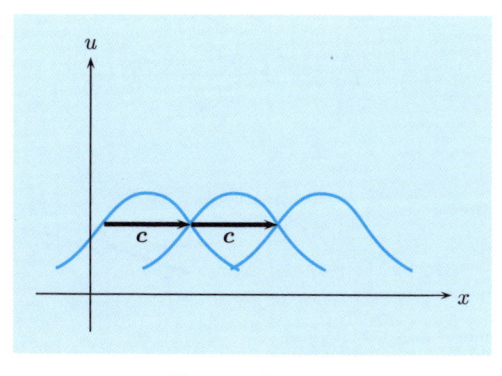

図 4.1 移流現象

(b) 波動方程式

図 4.2 に示すような**弦の微小振動**の問題を考える．弦の振幅 u は位置 x と時間 t により変化するため，$u(x,t)$ と表現される．$u(x,t)$ が満足する方程式を求めてみよう．図 4.3 のように弦から微小な領域をとりだしてこの部分に対してニュートンの**運動方程式**をたてる．弦に働く力は，弦が軽い場合には重力は無視できて**張力** T だけになる．

張力の鉛直成分は点 x および点 $x + \Delta x$ においてそれぞれ

$$T\sin\theta, \quad T\sin(\theta + \Delta\theta)$$

である．ただし θ および $\theta + \Delta\theta$ はそれぞれの点で弦が水平線に対してなす角度である．微小振動を考えるため，θ は小さく，次の近似が成り立つ．ただし右下の添字は関数を評価する点を表す．

$$\sin\theta \fallingdotseq \tan\theta = \left(\frac{\partial u}{\partial x}\right)_x$$

$$\sin(\theta + \Delta\theta) \fallingdotseq \tan(\theta + \Delta\theta) = \left(\frac{\partial u}{\partial x}\right)_{x+\Delta x}$$

$$= \left(\frac{\partial u}{\partial x}\right)_x + \Delta x \left(\frac{\partial^2 u}{\partial x^2}\right)_x + O((\Delta x)^2)$$

したがって，微小部分に働く力は

$$f = T\sin(\theta + \Delta\theta) - T\sin\theta \fallingdotseq T\Delta x \frac{\partial^2 u}{\partial x^2} \tag{4.8}$$

である．ただし式の変形には**テイラー展開の公式**

$$f(x + \Delta x) = f(x) + \Delta x \frac{\partial f}{\partial x} + \frac{(\Delta x)^2}{2!}\frac{\partial^2 f}{\partial x^2} + \cdots \tag{4.9}$$

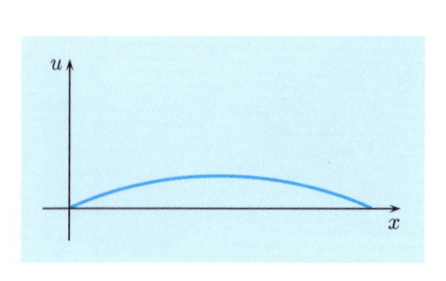

図 4.2　弦の微小振動

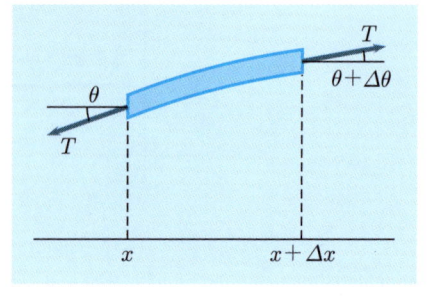

図 4.3　弦の微小部分に働く力

において f として $\partial u/\partial x$ を代入した式を用いた．

微小部分の質量は弦の**線密度**を ρ とすれば $\rho\Delta x$ である．したがって，**ニュートンの第2法則**（質量 × 加速度 = 力）は

$$\rho\Delta x \frac{\partial^2 u}{\partial t^2} = T\Delta x \frac{\partial^2 u}{\partial x^2}$$

となる．ここで

$$c = \sqrt{T/\rho}$$

とおけば，上式は

$$\frac{\partial^2 u}{\partial t^2} = c^2 \frac{\partial^2 u}{\partial x^2} \tag{4.10}$$

と書ける．この方程式は **1 次元波動方程式**とよばれている．

重力を考えた場合には式 (4.8) の右辺に $\rho g \Delta x$（g：重力加速度）が付け加わる．したがって，式 (4.10) は

$$\frac{\partial^2 u}{\partial t^2} = c^2 \frac{\partial^2 u}{\partial x^2} - g \tag{4.11}$$

となる．

2 次元の膜の微小振動や 3 次元の固体の微小振動を記述する方程式は，上の弦の振動を 2 次元，3 次元に拡張することにより同様に得ることができる．結果は

$$\frac{\partial^2 u}{\partial t^2} = c^2 \Delta u \tag{4.12}$$

となる．ここで Δ は 2 次元または 3 次元の**ラプラス演算子**

$$\begin{aligned} \Delta &= \frac{\partial^2}{\partial x^2} + \frac{\partial^2}{\partial y^2} \quad (2\,次元) \\ \Delta &= \frac{\partial^2}{\partial x^2} + \frac{\partial^2}{\partial y^2} + \frac{\partial^2}{\partial z^2} \quad (3\,次元) \end{aligned} \tag{4.13}$$

である．

（c）拡散方程式

拡散方程式とはある物理量が時間の経過にともなって空間的に拡散する状態を記述する方程式である．ここでは熱の拡散（熱伝導）を記述する**熱伝導方程**

式を導いてみよう．基本になる法則は**フーリエの熱伝導の法則**であり，次のように表現される．

「熱は温度の高い側から低い側へ，等温面に垂直に，温度勾配に比例して流れる」

はじめに針金のような線状にのびた物質内の熱伝導について考えよう．このとき熱は針金に沿って流れるため，空間的には 1 次元の現象になる．ここで針金は均一であり，その**熱伝導度** k や線密度 ρ，**比熱** c は一定であると仮定する．針金の特定部分が加熱されているなど熱源がある場合はさしあたり考えない．

弦の振動の場合と同様に，図 4.4 に示すように針金から微小部分を切り出して考える．温度を $u(x,t)$ とすると図の点 A, B における温度勾配はそれぞれ

$$\left(\frac{\partial u}{\partial x}\right)_x, \quad \left(\frac{\partial u}{\partial x}\right)_{x+\Delta x}$$

である．したがって微小部分に Δt 間に流れ込む正味の熱量は，フーリエの法則から

$$\Delta t \left[k\left(\frac{\partial u}{\partial x}\right)_{x+\Delta x} - k\left(\frac{\partial u}{\partial x}\right)_x\right] = k\Delta t \Delta x \left(\frac{\partial^2 u}{\partial x^2}\right)_x + k\Delta t O((\Delta x)^2)$$

となる．これが微小部分の単位時間当たりの熱量の変化

$$(\rho \Delta x)c(u(x, t+\Delta t) - u(x,t)) = \rho c \Delta x \Delta t \frac{\partial u}{\partial t} + \rho c \Delta x O((\Delta t)^2)$$

に等しいはずである．$\Delta t, \Delta x$ は小さいから，最低次の項だけを等しいとおいて

$$\rho c \Delta x \Delta t \frac{\partial u}{\partial t} = k \Delta x \Delta t \frac{\partial^2 u}{\partial x^2}$$

すなわち

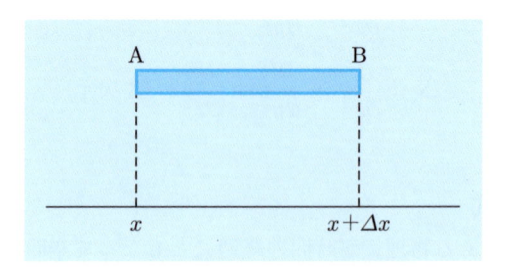

図 4.4 針金の微小部分

4.1 物理現象からの偏微分方程式の導出

$$\frac{\partial u}{\partial t} = a^2 \frac{\partial^2 u}{\partial x^2} \quad \left(\text{ただし } a = \sqrt{\frac{k}{\rho c}}\right) \tag{4.14}$$

が得られる．これが **1 次元熱伝導方程式**である．

熱源がある場合は，単位時間，単位質量当たりに q の熱量の発生があるとすれば

$$\rho c \Delta x \Delta t \frac{\partial u}{\partial t} = k \Delta x \Delta t \frac{\partial^2 u}{\partial x^2} + q \rho \Delta x \Delta t$$

となる．したがって熱伝導方程式は次のように修正される．

$$\frac{\partial u}{\partial t} = a^2 \frac{\partial^2 u}{\partial x^2} + \frac{q}{c} \tag{4.15}$$

2 次元や 3 次元の場合には，式 (4.14) と式 (4.15) は次のように拡張される．

$$\frac{\partial u}{\partial t} = a^2 \Delta u \tag{4.16}$$

$$\frac{\partial u}{\partial t} = a^2 \Delta u + \frac{q}{c} \tag{4.17}$$

ただし，Δ は式 (4.13) で定義されたラプラス演算子である．

熱伝導現象はある部分に集中していた熱が時間とともに拡散していく現象を表すが，拡散する量は熱に限られるわけではない．たとえば，大気汚染物質が大気中に拡散していく現象も，係数 a^2 の意味は異なるが，やはり，式 (4.17) などで表される．

(d) ラプラス，ポアソン方程式

熱伝導問題，あるいは物質の拡散問題において，時間が十分に経過したあとの状態（**熱平衡状態**）を考える．たとえば，平板の熱伝導を考え，平板の各辺を一定の温度に保ってみよう．ただし，各辺ごとの温度は異なっていてもよい．このとき十分に時間がたてば平板内は時間的に変化しない状態に落ち着くと考えられる．このように時間的に変化しない状態を**定常状態**とよぶ．

定常状態では，物理量 u は時間に依存しないため，もはや u は時間 t の関数ではなくなる．いいかえれば $\partial u/\partial t = 0$ となる．したがって，熱源のない場合の熱伝導方程式は定常状態で

$$\Delta u = 0 \tag{4.18}$$

となる．これはラプラス方程式とよばれる．また熱源がある場合には式 (4.16) から

$$\Delta u = -f \quad \left(f = \frac{q}{a^2 c}\right) \tag{4.19}$$

となるが，この方程式はポアソン方程式とよばれる．

ラプラス方程式，ポアソン方程式は熱伝導のみならず，静電気学，弾性学など数理物理学や工学においてしばしば現れる重要な偏微分方程式である．

(e) 2階線形偏微分方程式

2階線形偏微分方程式は2独立変数の場合

$$A\frac{\partial^2 u}{\partial x^2} + B\frac{\partial^2 u}{\partial x \partial y} + C\frac{\partial^2 u}{\partial y^2} + D\frac{\partial u}{\partial x} + E\frac{\partial u}{\partial y} + Fu = G \tag{4.20}$$

という形をしている．このとき2階微分項から判別式とよばれる

$$d = B^2 - 4AC \tag{4.21}$$

をつくったとき，$d > 0$ であれば双曲型，$d = 0$ であれば放物型，$d < 0$ ならば楕円型とよばれる．型が同じ方程式はその解も似た性質をもつためこのような分類の意義がある．この分類によれば波動方程式は双曲型，拡散方程式は放物型，ラプラス，ポアソン方程式は楕円型になる．

4.2　ラプラス方程式の差分解法

本節では，ラプラス方程式の境界値問題を例にとって差分法による偏微分方程式の解法を紹介しよう．図 4.5 に示すような1辺の長さが1の正方形領域内でラプラス方程式

$$\frac{\partial^2 u}{\partial x^2} + \frac{\partial^2 u}{\partial y^2} = 0 \quad (0 < x < 1;\ 0 < y < 1) \tag{4.22}$$

を考える．境界条件としては辺 AB, BC 上で $u = 0$，辺 CD 上で $u = 8$，辺 AD 上で $u = 16$，すなわち

$$u(0, y) = 0, \quad u(1, y) = 8 \quad (0 \le y \le 1)$$
$$u(x, 0) = 0, \quad u(x, 1) = 16 \quad (0 \le x \le 1)$$

とする.

　この問題の物理的な意味は次のとおりである. 1辺の長さが1の正方形の熱をよく通す一様な薄い板を考える. 熱は板の周囲には伝わるが板に垂直な方向には伝わらないとする. また熱伝導率は板のどこでも一定であるとする. この板の左と下の辺の温度を0, 右の辺の温度を8, 上の辺の温度を16に保ったとする. 板の内部の温度分布は初期の温度分布によって異なるが, 十分に時間が経過した後では温度分布は時間変化しなくなる. そしてこの状態は初期の温度分布には関係しないと考えられる. uを温度としたとき, そのような状態における温度分布を記述する方程式が式(4.22)のラプラス方程式である.

　それでは, 上の境界値問題（境界条件が与えられた問題）を差分法で解いてみよう. 差分法では方程式が与えられた領域を**差分格子**とよばれる4辺形をした小さな格子に分割する. いまの場合は領域は正方形なので格子に分割するのは簡単である. たとえば, 図4.5のx方向にJ等分, y方向にK等分すれば, それぞれが合同な$J \times K$個の長方形の格子ができる. ここでは, 話を一般的にするためにJとKは必ずしも等しくとらなくてもよいようにしているが, もちろん$J = K$として正方形の格子にしてもよい. 図4.6には$J = K = 10$にとった場合の格子（100個）を示している. ここで縦と横に引いた線を**格子線**, 格子線の交点すなわち各格子の頂点のことを**格子点**とよぶ. 差分法では, この離散的な有限個の格子点上で偏微分方程式の近似解を求めることになる. もし格子点以外の点で方程式の近似解が必要になったならば, 隣接した格子点からなんらかの補間法を用いてその値を推定する.

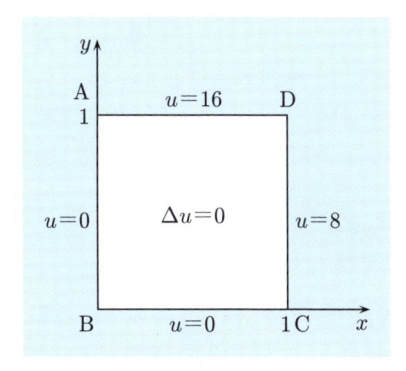

図4.5　正方形領域内のラプラス方程式

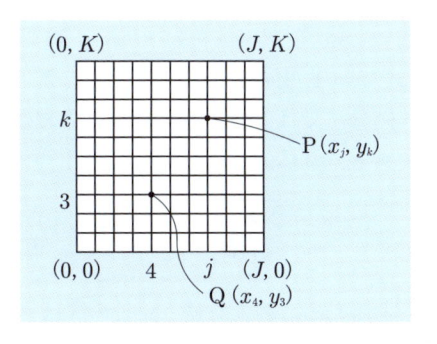

図4.6　ラプラス方程式に対する差分格子

差分法では，各格子点を区別するために格子点に番号を付ける．2次元問題では2次元の番号付けを行うのが便利で，たとえば図 4.6 において原点（左下隅）の格子点番号を $(0,0)$ として順番に番号を付けていく．このとき，図 4.6 の点 Q は x 方向に 4 番目，y 方向に 3 番目であるから，その格子点番号は $(4,3)$ になる．実際の座標は，x 方向の格子間隔を $\Delta x = 1/J$，y 方向の格子間隔を $\Delta y = 1/K$ とすれば，$(4\Delta x, 3\Delta y)$ となる．もちろん，図 4.6 では $\Delta x = \Delta y = 0.1$ である．一般に，図 4.6 の領域内の点 P の格子点番号が (j,k) である場合には，実際の座標を (x_j, y_k) とすれば

$$x_j = j\Delta x, \quad y_k = k\Delta y$$

である．

差分法では記法を簡単にするため，格子点番号が (j,k) の格子点における未知関数 $u(x,y)$ の差分近似値を 2 つの添え字をもった変数 $u_{j,k}$ で表す．すなわち

$$u_{j,k} \sim u(x_j, y_k) \tag{4.23}$$

である．ここで記号 $\sim$ は差分近似（またはその値）を示す．この記法を用いれば，点 P の左右の隣接格子点での u の近似値は $u_{j-1,k}$，$u_{j+1,k}$ となり，上下の隣接格子点での u の近似値は $u_{j,k+1}$，$u_{j,k-1}$ となる．

上の約束のもとで境界条件は

$$u_{j,0} = 0, \quad u_{j,K} = 16 \quad (j = 0, 1, \cdots, J)$$
$$u_{0,k} = 0, \quad u_{J,k} = 8 \quad (k = 0, 1, \cdots, K)$$

と書ける．そこでもとの問題を解くにはこの条件およびもとの偏微分方程式を用いて領域内の $(J-1) \times (K-1)$ 個の格子点における u の近似値 $u_{j,k}$（ただし，$j = 1, 2, \cdots, J-1$; $k = 1, 2, \cdots, K-1$）を求めることになる．

差分法では偏微分方程式を**差分方程式**に書き換える．この手続きは機械的にできる．具体的には 2 階微分の 1 つの近似として

$$\frac{\partial^2 u}{\partial x^2} \sim \frac{u(x - \Delta x, y) - 2u(x, y) + u(x + \Delta x, y)}{(\Delta x)^2} \tag{4.24}$$

があるためこの式を使う．この式は式 (3.20) の偏微分（微分する変数以外の変数を一定に保つ微分）への拡張である．同様に，y に関する微分は

4.2 ラプラス方程式の差分解法

$$\frac{\partial^2 u}{\partial y^2} \sim \frac{u(x, y - \Delta y) - 2u(x, y) + u(x, y + \Delta y)}{(\Delta y)^2} \quad (4.25)$$

によって近似できる．2 階微分を式 (4.24), (4.25) で近似する方法を**中心差分近似**とよんでいる．

式 (4.24), (4.25) の (x, y) に (j, k) 番目の格子点の座標 (x_j, y_k) を代入すれば，$x_j \pm \Delta x = x_{j\pm 1}$, $y_k \pm \Delta y = y_{k\pm 1}$ に注意して

$$\left(\frac{\partial^2 u}{\partial x^2}\right)_{j,k} \sim \frac{u_{j-1,k} - 2u_{j,k} + u_{j+1,k}}{(\Delta x)^2} \quad (4.26)$$

$$\left(\frac{\partial^2 u}{\partial y^2}\right)_{j,k} \sim \frac{u_{j,k-1} - 2u_{j,k} + u_{j,k+1}}{(\Delta y)^2} \quad (4.27)$$

となる．したがって，もとの偏微分方程式は (j, k) 番目の格子点 P において

$$\frac{u_{j-1,k} - 2u_{j,k} + u_{j+1,k}}{(\Delta x)^2} + \frac{u_{j,k-1} - 2u_{j,k} + u_{j,k+1}}{(\Delta y)^2} = 0 \quad (4.28)$$

と近似されることがわかる．点 P は領域内のどの格子点でもよいから，式 (4.28) は $(J-1) \times (K-1)$ 個の方程式を表していることに注意する．未知数 $u_{j,k}$ の数もやはり領域内の格子点数だけあるから，式 (4.28) は連立 $(J-1) \times (K-1)$ 元 1 次方程式であり，それを解くことにより近似解が求まる．

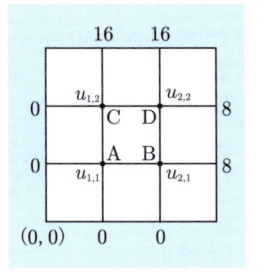

手計算でも実行できるように領域を 3 等分 ($J = K = 3$) した場合を考える（図 4.7）．式 (4.28) を図の各点で書けば

図 4.7　3×3 の格子

点 A : $\dfrac{u_{0,1} - 2u_{1,1} + u_{2,1}}{(\Delta x)^2} + \dfrac{u_{1,0} - 2u_{1,1} + u_{1,2}}{(\Delta y)^2} = 0$

点 B : $\dfrac{u_{1,1} - 2u_{2,1} + u_{3,1}}{(\Delta x)^2} + \dfrac{u_{2,0} - 2u_{2,1} + u_{2,2}}{(\Delta y)^2} = 0$

点 C : $\dfrac{u_{0,2} - 2u_{1,2} + u_{2,2}}{(\Delta x)^2} + \dfrac{u_{1,1} - 2u_{1,2} + u_{1,3}}{(\Delta y)^2} = 0$

点 D : $\dfrac{u_{1,2} - 2u_{2,2} + u_{3,2}}{(\Delta x)^2} + \dfrac{u_{2,1} - 2u_{2,2} + u_{2,3}}{(\Delta y)^2} = 0$

となる．ここで $\Delta x = \Delta y = 1/3$ および境界条件

$$u_{1,0} = u_{2,0} = 0, \quad u_{1,3} = u_{2,3} = 16$$
$$u_{0,1} = u_{0,2} = 0, \quad u_{3,1} = u_{3,2} = 8$$

を上式に代入して分母を払えば

$$\text{点 A}: 0 - 2u_{1,1} + u_{2,1} + 0 - 2u_{1,1} + u_{1,2} = 0$$
$$\text{点 B}: u_{1,1} - 2u_{2,1} + 8 + 0 - 2u_{2,1} + u_{2,2} = 0$$
$$\text{点 C}: 0 - 2u_{1,2} + u_{2,2} + u_{1,1} - 2u_{1,2} + 16 = 0$$
$$\text{点 D}: u_{1,2} - 2u_{2,2} + 8 + u_{2,1} - 2u_{2,2} + 16 = 0$$

という連立 4 元 1 次方程式になる．そこで，この方程式を解けば，解として

$$u_{1,1} = 3, \quad u_{2,1} = 5, \quad u_{1,2} = 7, \quad u_{2,2} = 9$$

が得られる．格子を 10 等分しても考え方は同じで，その結果，連立 81 元 1 次方程式が得られるため，それを解けばよい．結果は図 2.13 とほぼ同じになる．

以上の手続きをまとめれば，差分法を用いて偏微分方程式を解くためには，次の 3 段階の手順を踏めばよい．

> (1) 解くべき領域を格子に分割する．
> (2) 偏微分方程式を格子点上で成り立つ差分方程式で近似する．
> (3) 差分方程式を解いて近似解を求める．

この中で手順 (2) は微分を差分に置き換えるだけなので機械的にできる．ただし，微分を近似する差分は一通りではないので，どのような差分近似式を用いるかについては，多少の経験が必要である．指針がない場合には計算が簡単なものから選ぶのがふつうである．手順 (3) では，領域内の格子点の数だけの未知数をもつ連立方程式を解く必要がある．手計算で実行できるのはせいぜい 4 元程度なので，実用にならない．一般に偏微分方程式を数値的に解く場合には，大型の連立代数方程式（多くの場合には連立 1 次方程式）を解く必要がある．数値解法のアイデアは古くからあったが，最近になって急速に発展したのは，この大型の連立方程式がコンピュータによって実用的な時間内で解けるようになったためである．

4.2 ラプラス方程式の差分解法

ポアソン方程式の解法　上に述べたラプラス方程式は領域内に熱源がない場合の熱平衡状態における温度分布を表す偏微分方程式であった．平板内部のある部分で熱を補給したり，逆に吸い取ったりする場合には，発熱量や吸熱量に関係する既知関数 $-f(x, y)$ を用いることにより，熱平衡状態での温度分布は偏微分方程式

$$\frac{\partial^2 u}{\partial x^2} + \frac{\partial^2 u}{\partial y^2} = -f(x, y) \tag{4.29}$$

により支配される（$f > 0$ のとき発熱，$f < 0$ のとき吸熱）．式 (4.29) は前述のとおりポアソン方程式とよばれている．

例として，ラプラス方程式と同じ領域において，

$$f(x, y) = -400xy$$

の場合に，差分法を用いて解を求めてみよう．ただし，境界条件も同じであるとする．前節の図 4.6 に示したように領域を差分格子に分割する．関数 $f(x, y)$ は既知であるため，各格子点において $f(x, y)$ の値が計算できる．いま，(j, k) 番目の格子点 (x_j, y_k) における関数値を $f_{j,k}$ とする．すなわち

$$f_{j,k} = f(x_j, y_k)$$

とする．このとき，ポアソン方程式の差分近似式は式 (4.28) に対応して，

$$\frac{u_{j-1,k} - 2u_{j,k} + u_{j+1,k}}{(\Delta x)^2} + \frac{u_{j,k-1} - 2u_{j,k} + u_{j,k+1}}{(\Delta y)^2} = -f_{j,k} \tag{4.30}$$

となる（ただし，$f_{j,k} = -400jk\Delta x\Delta y$）．この方程式は領域内部の格子点の数だけある（前節と同じく $(J-1) \times (K-1)$ 個）．一方，境界上の格子点における u の値は境界条件で与えられるから，未知数も領域内の格子点の数だけある．方程式と未知数 $u_{j,k}$ の数が一致するため，連立１次方程式 (4.30) は解くことができ，近似解が求まる．なお，各方向に 20 等分して得られた結果を等温線表示したものを図 4.8 に示す．

図 4.8　ポアソン方程式の解

4.3 拡散方程式の差分解法

ラプラス方程式は時間を含まない偏微分方程式であった．本節では時間に関して1階の微分を含む方程式の取り扱いを示す．物理法則には時間に対する変化率を含むことも多いため，このような方程式は非常に重要である．

有限長さの針金の温度分布を求める問題を考えよう．ただし，前節のように熱平衡状態での温度を求めるのではなく，温度の時間変化を求める**非定常問題**を取り扱う．問題をはっきりさせるため，針金の長さを1として，針金の左端が0，右端が1になるような座標系を考え（図4.9），針金の両端で温度を0に保ったとする．さらに，時間が0において針金の中央で温度が1であり，両端に向かって直線的に温度が下がるような温度分布を与えたとする．その後，時間とともに針金内の温度分布がどのように変化していくのかについて考えてみよう．

針金内の温度を u としたとき，温度は針金内の位置 x と時間 t によって変化すると考えられるため，u は x と t の関数 $u(x, t)$ になる．このとき上で述べた条件は

$$u(0, t) = u(1, t) = 0 \quad (t > 0)$$

$$u(x, 0) = 2x \quad (0 \leq x \leq 0.5), \quad u(x, 0) = 1 - 2x \quad (0.5 \leq x \leq 1)$$

と書ける．はじめの条件は領域の境界における条件であるため**境界条件**，2番目の条件は時間の初期の条件なので**初期条件**とよばれる．

針金内の温度の伝わり方は針金の材質によって異なるが，針金内では場所によらずに一定であるとしよう．このとき，針金内の温度分布は前述の1次元拡散方程式（または1次元熱伝導方程式）

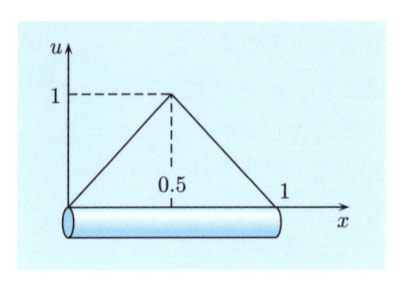

図 4.9　針金の熱伝導

4.3 拡散方程式の差分解法

$$\frac{\partial u}{\partial t} = a^2 \frac{\partial^2 u}{\partial x^2} \quad (0 < x < 1;\ t > 0) \tag{4.31}$$

によって支配される．ここで a^2 は熱の伝わりやすさを表す定数で**熱拡散率**とよばれている．したがって，偏微分方程式 (4.31) を上に述べた初期条件・境界条件のもとで解くことになる（このような問題を**初期値・境界値問題**とよんでいる）．

それでは差分法を用いてこの問題を解いてみよう．この場合にも基本的には前節で述べた3つの手順を踏めばよい．はじめに解くべき領域を格子に分割する．縦軸に t をとり，時間については $0 \leq t \leq T$ まで解くことにすれば領域は横が1，縦が T の長方形領域になる．そこでこの領域を x 方向に J 等分，t 方向に N 等分すれば図 4.10 に示すような差分格子ができる．このとき，両方向の格子幅は $\Delta x = 1/J$, $\Delta t = T/N$ となる．原点の格子点番号を $(0, 0)$ としたとき，図の点 P での格子点番号が (j, n) となったとしよう．点 P における温度の近似値を，時間に関する添え字は上添え字にするという慣例に従い u_j^n と記すことにする．すなわち，

$$u_j^n \sim u(j\Delta x,\ n\Delta t) \tag{4.32}$$

とする．この記法を用いれば，境界条件と初期条件は

$u_0^n = u_J^n = 0 \quad (0 \leq n \leq N)$

$u_j^0 = 2j\Delta x \quad (0 \leq j\Delta x \leq 0.5), \quad u_j^0 = 1 - 2j\Delta x \quad (0.5 \leq j\Delta x \leq 1)$

と書ける．

次に熱伝導方程式を差分近似してみよう．x に関する2階微分は式 (4.26) と同様に近似することにすれば

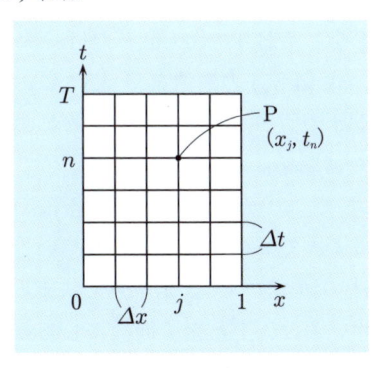

図 4.10　1次元拡散方程式に対する格子

$$\frac{\partial^2 u}{\partial x^2}(x_j, t_n) \sim \frac{u_{j-1}^n - 2u_j^n + u_{j+1}^n}{(\Delta x)^2} \qquad (4.33)$$

となる．t に関する微分は，微分の定義

$$\frac{\partial u}{\partial t} = \lim_{\Delta t \to 0} \frac{u(x, t + \Delta t) - u(x, t)}{\Delta t}$$

を用いて

$$\frac{\partial u}{\partial t} \sim \frac{u(x, t + \Delta t) - u(x, t)}{\Delta t}$$

と近似する．これを**前進差分近似**という．この式の x と t に，(j, n) 番目の格子点における x_j, t_n を代入して，$t_n + \Delta t = t_{n+1}$ に注意すれば

$$\frac{\partial u}{\partial t}(x_j, t_n) \sim \frac{u_j^{n+1} - u_j^n}{\Delta t} \qquad (4.34)$$

となるため，式 (4.33), (4.34) の右辺を等しく置いて

$$\frac{u_j^{n+1} - u_j^n}{\Delta t} = a^2 \frac{u_{j-1}^n - 2u_j^n + u_{j+1}^n}{(\Delta x)^2}$$

あるいは式を整理して

$$u_j^{n+1} = r u_{j-1}^n + (1 - 2r) u_j^n + u_{j+1}^n \quad \left(\text{ただし}, \quad r = \frac{a^2 \Delta t}{(\Delta x)^2}\right) \qquad (4.35)$$

という近似式が得られる．式 (4.35) が 1 次元熱伝導方程式の差分近似式である．

ラプラス方程式では，差分方程式は連立 1 次方程式になった．しかし，1 次元熱伝導方程式をもとにして上に述べた方法でつくった差分方程式は，連立方程式というより**漸化式**の形をしており，代入計算だけで次々に解が求まっていく．このことを示すために，式 (4.35) の構造を 図 4.11 に示す．この図から，時間ステップ $n+1$ における u の値が，時間ステップ n における隣接 3 点から決まることがわかる．一方，初期条件から u_j^0 の値はすべて与えられている．そこで 図 4.12 に示すようにして，u_j^1 の値が，両端の格子点を除いてすべて決まる．また両端では境界条件によって u の値が与えられているため，値を決める必要はない．したがって，u_j^1 の値がすべての格子点で決まることになる．次に，この値および境界条件を用いると，上と全く同様にして u_j^2 の値がすべて決まる．以下，この手続きは何回でも続けることができるため，任意のステップにおけ

4.3 拡散方程式の差分解法

る u の値が決まることになる.

図 4.13 には，$k=1$, $\Delta t = 0.002$, $\Delta x = 0.1$ すなわち $r = 0.2$ にとった場合の計算結果を示す．初期の温度が，両端から冷えるため徐々に山の高さが低くなっていく様子がみてとれる．なお，最終的には熱がすべて両端から外に伝わって針金全体で温度が 0 になる．

このように熱伝導方程式では，連立方程式を解くことなく，近似解が Δt 刻みに次々に計算できる．ここで述べた方法は**オイラー陽解法**とよばれ，時間に関する 1 階微分を含んだ方程式の解法にしばしば適用される．なお，オイラー陽解法では，式 (4.35) に含まれるパラメータ r の値を 0.5 以下にとらないと，解が発散して有意義な解が得られないことが知られている（章末問題，問 3 参照）．

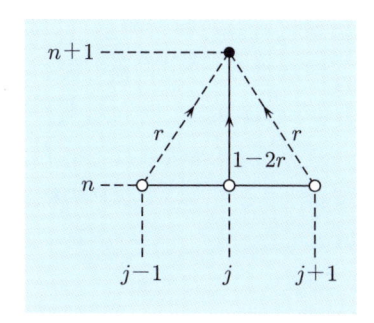

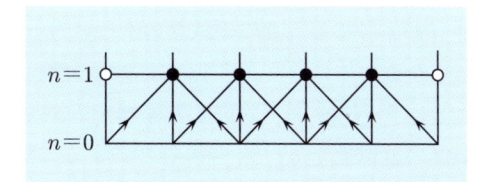

図 4.11　式 (4.35) の構造　　図 4.12　拡散方程式の解の決まり方

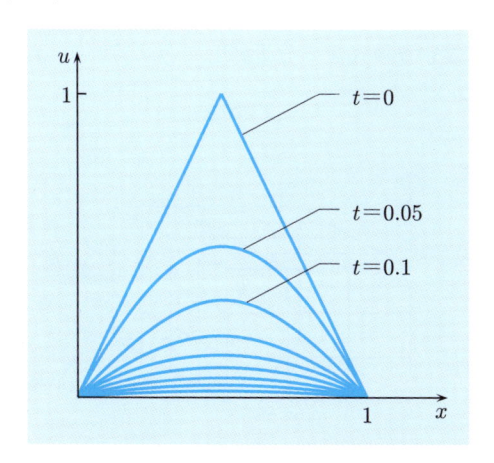

図 4.13　1 次拡散方程式の解の例

次に**平板の熱伝導**の問題を考えよう．前節で考えた問題と同じく，1 辺の長さが 1 の正方形をした熱拡散率が一定の板に，各辺で図 4.5 と同じ温度を与えたとする．そして，初期の温度をすべて 0 とした場合に平板内の温度分布 $u(x, y, t)$ が時間的にどのように変化するかを求めることにする．このとき，支配方程式と境界条件・初期条件は

$$\frac{\partial u}{\partial t} = a^2 \left(\frac{\partial^2 u}{\partial x^2} + \frac{\partial^2 u}{\partial y^2} \right) \quad (0 < x < 1;\ 0 < y < 1) \tag{4.36}$$

$$u(0, y, t) = 0, \quad u(1, y, t) = 8 \quad (0 \leq y \leq 1;\ t > 0)$$

$$u(x, 0, t) = 0, \quad u(x, 1, t) = 16 \quad (0 \leq x \leq 1;\ t > 0)$$

$$u(x, y, 0) = 0 \quad (0 \leq x \leq 1;\ 0 \leq y \leq 1)$$

となる．ここで a^2 は熱拡散率である．

この問題は平面（2 次元）になっただけで，1 次元の場合と全く同様に解くことができる．解くべき領域は，時間軸を鉛直上方にとれば，図 4.14 に示すような直方体になる．この領域を各方向に等分割して差分格子をつくれば，格子は微小な直方体になり，格子点は 3 つの整数の組で指定される．いま点 P の格子点番号を (j, k, n)，対応する座標を (x_j, y_k, t_n) とする．また，この点 P での温度の近似値を $u_{j,k}^n$ と記すことにする．すなわち，

$$u_{j,k}^n \sim u(x_j, y_k, t_n)$$

とする．

次に点 P で，偏微分方程式を差分近似してみよう．x, y, t 方向の格子幅を $\Delta x, \Delta y, \Delta t$ とすれば

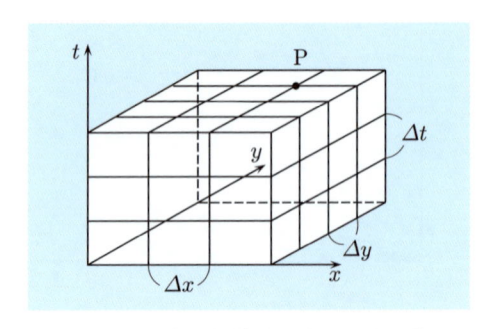

図 4.14 2 次元拡散方程式に対する格子

4.3 拡散方程式の差分解法

$$\frac{\partial u}{\partial t}(x_j, y_k, t_n) \sim \frac{u(x_j, y_k, t_n + \Delta t) - u(x_j, y_k, t_n)}{\Delta t}$$

と近似できるため，近似式として

$$\frac{\partial u}{\partial t}(x_j, y_k, t_n) \sim \frac{u_{j,k}^{n+1} - u_{j,k}^n}{\Delta t}$$

が得られる．空間に関する2階微分については，式 (4.26), (4.27) を参照すれば

$$\frac{\partial^2 u}{\partial x^2}(x_j, y_k, t_n) \sim \frac{u_{j-1,k}^n - 2u_{j,k}^n + u_{j+1,k}^n}{(\Delta x)^2}$$

$$\frac{\partial^2 u}{\partial y^2}(x_j, y_k, t_n) \sim \frac{u_{j,k-1}^n - 2u_{j,k}^n + u_{j,k+1}^n}{(\Delta y)^2}$$

となるから，2次元熱伝導方程式は

$$\frac{u_{j,k}^{n+1} - u_{j,k}^n}{\Delta t} = a^2 \frac{u_{j-1,k}^n - 2u_{j,k}^n + u_{j+1,k}^n}{(\Delta x)^2} + a^2 \frac{u_{j,k-1}^n - 2u_{j,k}^n + u_{j,k+1}^n}{(\Delta y)^2}$$

または

$$u_{j,k}^{n+1} = u_{j,k}^n + r(u_{j-1,k}^n - 2u_{j,k}^n + u_{j+1,k}^n) + s(u_{j,k-1}^n - 2u_{j,k}^n + u_{j,k+1}^n) \tag{4.37}$$

と近似される．ただし

$$r = \frac{a^2 \Delta t}{(\Delta x)^2}$$

$$s = \frac{a^2 \Delta t}{(\Delta y)^2}$$

である．原点の格子点番号を $(0, 0, 0)$ として，x, y, t 方向の格子点数を J, K, N とすれば，式 (4.37) は

$$1 \leq j \leq J-1, \quad 1 \leq k \leq K-1, \quad 1 \leq n \leq N-1$$

に対して成り立つ．

初期条件は $n = 0$ のときの条件であるから

$$u_{j,k}^0 = 0 \quad (0 \leq j \leq J;\ 0 \leq k \leq K)$$

となり，境界条件は

$$u_{j,0}^n = 0,\ u_{j,K}^n = 16 \quad (0 \le j \le J;\ 0 \le n \le N)$$
$$u_{0,k}^n = 0,\ u_{J,k}^n = 8 \quad (0 \le k \le K;\ 0 \le n \le N)$$

となる．図 4.14 でいえば，初期条件によって底面の u が指定され，境界条件によって側面の u が指定される．

差分方程式 (4.37) の構造を図 4.15 に示す．図から時間ステップ $n+1$ における u の値は時間ステップ n における隣接した 5 点の u の値から計算できることがわかる．一方，初期条件から底面の u の値が与えられているため，$n=1$ の面における u の値が（1 次元熱伝導方程式と同様にして）境界を除いて計算できる．除外された境界における u の値は境界条件で与えられているため計算する必要はない．そこで $n=1$ のすべての u の値が計算できる．以下，$n=1$ の値と境界条件を用いて $n=2$ における値がすべて計算でき，$n=2$ の値と境界条件から $n=3$ での値がすべて計算でき，同様にいくらでも時間ステップを増していくことができる．このような手続きを繰り返すことによって，2 次元熱伝導方程式の解が時間発展的に次々に求まる．

ここで述べた方法も 1 次元の場合と同様にオイラー陽解法とよばれる．この方法は単純であるが，$\Delta x,\ \Delta y,\ \Delta t,\ a^2$ の間に

$$r + s \left(= \frac{a^2 \Delta t}{(\Delta x)^2} + \frac{a^2 \Delta t}{(\Delta y)^2} \right) \le \frac{1}{2}$$

という関係を満たす場合に限って，意味のある近似解が得られることが知られている．一般に，$\Delta x,\ \Delta y$ は小さな値なので，上式はオイラー陽解法を使うためには Δt をかなり小さくとる必要があることを示している．

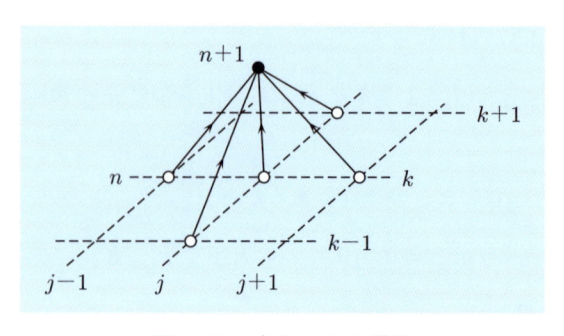

図 4.15 式 (4.37) の構造

4.4 移流方程式と波動方程式の差分解法

本節ではまず 1 次元移流方程式

$$\frac{\partial u}{\partial t} + c\frac{\partial u}{\partial x} = 0 \tag{4.38}$$

を，初期条件

$$u(x, 0) = f(x) \tag{4.39}$$

のもとで差分法を用いて解くことを考える．ここで，c は定数で特に断らない限り正数とする．また $f(x)$ は与えられた関数である．この問題（初期値問題）は 4.1 節の式 (4.1) で述べたように，厳密解

$$u(x, t) = f(x - ct) \tag{4.40}$$

をもつ．したがって，この問題に限っていえばわざわざ差分法で解くことはないが，ここではいくつかの差分解法を比較検討するために厳密解の知られている問題を考えることにする．現実に現れる問題は単純な問題ではないが，そのような問題を取り扱うためには，ここで扱うような問題が十分な精度で解ける方法を用いる必要がある．(実は式 (4.38) を精度よく数値的に解くことはかなり困難である．)

式 (4.38) の差分近似として，まず時間に関しては前進差分，空間に関しては

$$\frac{\partial u}{\partial x} \sim \frac{u(x,t) - u(x - \Delta x, t)}{\Delta x}$$

という近似（**後退差分近似**という）を用いてみよう．なお，上式の右辺で $\Delta x \to 0$ とすれば微分の定義から左辺になることがわかる．空間に後退差分を用いた理由は，取り扱う現象が方向性をもつからである．すなわち，式 (4.39) は速さ $c > 0$ で x の正方向（右方向）に伝わる現象であるため，u は着目点より左の影響を受けると考えられる．このとき，式 (4.38) は格子点 (x_j, t_n) において

$$\frac{u_j^{n+1} - u_j^n}{\Delta t} + c\frac{u_j^n - u_{j-1}^n}{\Delta x} = 0$$

すなわち，

$$u_j^{n+1} = (1 - \mu)u_j^n + \mu u_{j-1}^n \tag{4.41}$$

と近似できる．ここで，

$$\mu = \frac{c\Delta t}{\Delta x} \tag{4.42}$$

は移流方程式を解くときに現れる重要なパラメータで**クーラン数**とよばれる．式 (4.41) の構造を図 4.16 に示す．

例として，図 4.17 に示す初期条件のもとで式 (4.40) を用いて計算した結果を図 4.18 に示す．ただし，$c=1$ で x 方向と t 方向の格子幅を $\Delta x = 0.1$，$\Delta t = 0.02$ にとっている．したがって，式 (4.41) において $\mu = 0.2$ となる．図から初期の分布が右に伝わり，移流現象が近似できていることがわかる．しかし，厳密解では波形が変化せずに伝わるにもかかわらず，近似解では時間が経過するにつれて波形が低くなり，また左右に広がっていることもわかる．

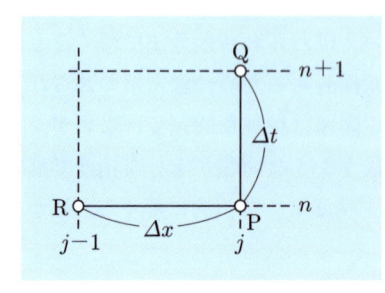

図 4.16　式 (4.41) の構造

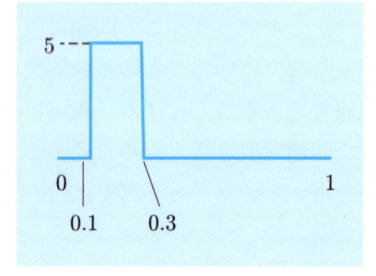

図 4.17　移流方程式の初期条件

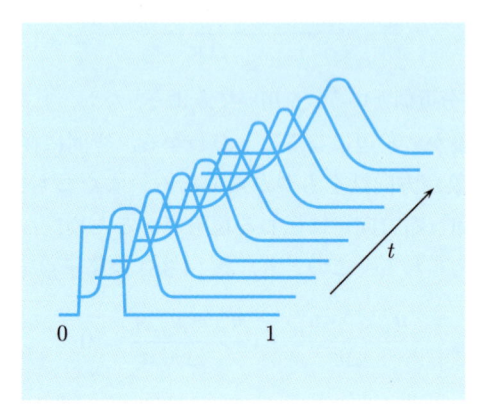

図 4.18　式 (4.41) による解の例

4.4 移流方程式と波動方程式の差分解法

次に，上の方法の代わりに，空間精度を上げるため空間微分

$$\frac{\partial u}{\partial x} \sim \frac{u(x+\Delta x, t) - u(x-\Delta x, t)}{2\Delta x}$$

で近似するとどうなるかを調べてみよう．上式が成り立つことは右辺を点 (x, t) のまわりにテイラー展開すれば

$$\frac{u(x+\Delta x, t) - u(x-\Delta x, t)}{2\Delta x} = \frac{\partial u}{\partial x} + O((\Delta x)^2)$$

となることから確かめられる．この近似を**中心差分近似**という．近似式はこの場合，格子点 (x_j, t_n) において

$$\frac{u_j^{n+1} - u_j^n}{\Delta t} + c\frac{u_{j+1}^n - u_{j-1}^n}{2\Delta x} = 0$$

または

$$u_j^{n+1} = u_j^n - \frac{\mu}{2}(u_{j+1}^n - u_{j-1}^n) \tag{4.43}$$

となる．ここで μ は式 (4.42) で定義したクーラン数である．前節と同じく，$c = 1$, $\Delta t = 0.02$, $\Delta x = 0.1$, したがって $\mu = 0.2$ として計算した結果を図 4.19 に示す．この場合には，精度がよくなるどころか少し時間が経つと解は振動し始めて，すぐに発散してしまうことがわかる．したがって，この方法では計算できない．

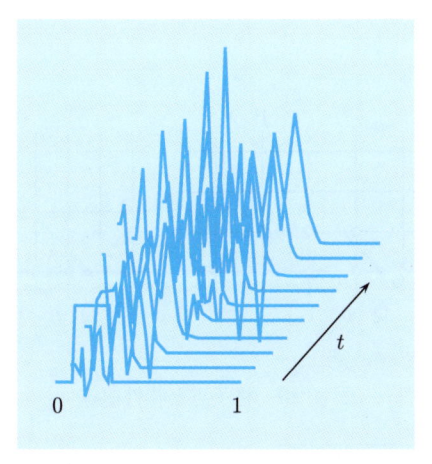

図 4.19 式 (4.43) による解の例

式 (4.41) を用いた場合，$\mu \leq 1$ が必要であることは以下の議論から理解できる．図 4.20 には $c = 1$ の場合で，$\mu < 1$ と $\mu > 1$ の場合の格子図を示している．各図で白丸は点 P における u の値を計算するのに用いる格子点を示している．さらに直線は点 P を通る**特性曲線**†である．移流方程式の厳密解から点 P の値は点 Q の値と同じである．図から明らかなように $\mu < 1$ の場合には点 Q は計算に用いる格子点の間にあり，点 Q の影響が点 P に取り込まれている．一方，$\mu > 1$ の場合には，点 Q は用いる格子点の外にあり，その影響は点 P に及んでいないことがわかる．すなわち，$\mu > 1$ では移流方程式の物理的な性質が反映されない．

そこで，精度を上げるための別の方法を考えよう．関数 $u(x, t)$ を t に関してテイラー展開すると

$$u(x, t + \Delta t) = u(x, t) + \Delta t \frac{\partial u}{\partial t} + \frac{(\Delta t)^2}{2} \frac{\partial^2 u}{\partial t^2} + O((\Delta t)^3)$$

となる．この式に，移流方程式

$$\frac{\partial u}{\partial t} = -c \frac{\partial u}{\partial x}$$

およびそれを t で微分して得られる関係式

$$\frac{\partial^2 u}{\partial t^2} = -c \frac{\partial^2 u}{\partial x \partial t} = -c \frac{\partial}{\partial x} \left(-c \frac{\partial u}{\partial x} \right) = c^2 \frac{\partial^2 u}{\partial x^2}$$

を代入して，空間微分を中心差分で置き換えると

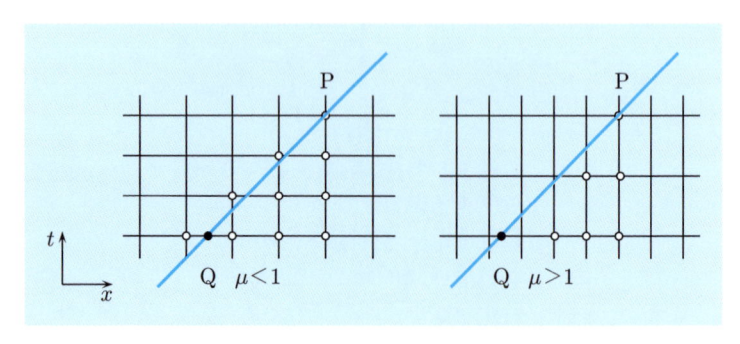

図 4.20　格子点と特性曲線

---

†式 (4.40) から式 (4.38) の厳密解は直線 $x - ct = a$（a 定数）上では $f(a)$ という一定値をとる．このようにある曲線（直線を含む）上で解が一定値になるような曲線を特性曲線という．

$$u(x, t+\Delta t) \fallingdotseq u(x, t) - c\Delta t \frac{\partial u}{\partial x} + c^2(\Delta t)^2 \frac{\partial^2 u}{\partial x^2}$$

$$= u(x, t) - \frac{c\Delta t}{2\Delta x}(u(x+\Delta x, t) - u(x-\Delta x, t))$$

$$+ \frac{c^2(\Delta t)^2}{2(\Delta x)^2}(u(x-\Delta x, t) - 2u(x, t) + u(x+\Delta x, t))$$

となる.したがって,差分近似式として

$$u_j^{n+1} = u_j^n - \frac{c\Delta t}{2\Delta x}(u_{j+1}^n - u_{j-1}^n) + \frac{c^2(\Delta t)^2}{2(\Delta x)^2}(u_{j-1}^n - 2u_j^n + u_{j+1}^n) \quad (4.44)$$

が得られる.この方法は**ラックス−ベンドロフ法**とよばれている.詳細は省略するが,この方法は式 (4.41) と同様にクーラン数が 1 以下のとき使える.また,導き方からわかるようにこの方法は式 (4.41) より時間および空間精度がよい(2 次精度).

図 4.21 に上述と同じ問題を同じパラメータを用いてラックス−ベンドロフ法で計算した結果を示す.

波動方程式の差分解法 1 次元波動方程式の初期値・境界値問題

$$\frac{\partial^2 u}{\partial t^2} = c^2 \frac{\partial^2 u}{\partial x^2} \quad (0 < x < 1;\ t > 0) \tag{4.45}$$

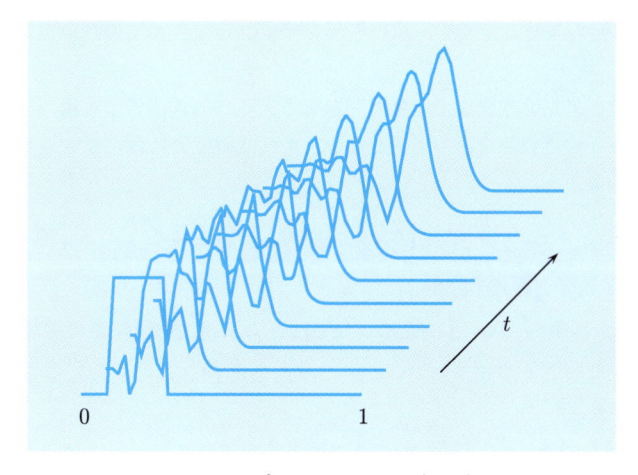

図 4.21　式 (4.44) による解の例

$$u(x, 0) = f(x), \quad \frac{\partial u}{\partial t}(x, 0) = 0, \quad u(0, t) = u(1, t) = 0 \qquad (4.46)$$

を考えよう．物理的には長さ 1 の両端を固定した弦を，初期に $f(x)$ の形に微小変形させて，静止した状態で振動を開始させたときの波形を記述する問題になっている．

式 (4.45) を中心差分で近似すると

$$\frac{u_j^{n+1} - 2u_j^n + u_j^{n-1}}{(\Delta t)^2} = c^2 \frac{u_{j-1}^n - 2u_j^n + u_{j+1}^n}{(\Delta x)^2} \qquad (4.47)$$

したがって

$$u_j^{n+1} = \mu^2 u_{j-1}^n + 2(1 - \mu^2) u_j^n + \mu^2 u_{j+1}^n - u_j^{n-1} \qquad (4.48)$$

となる ($\mu = c\Delta t/\Delta x$)．式 (4.48) ではもとの方程式が 2 階であることに対応して，u^{n+1}（下添字省略，以下同様）の値を求めるために u^n および u^{n-1} の値が必要になる．このことは初期において u^0 および u^{-1} の値が必要になることを意味している．u^0 の値は式 (4.46) から $f(x)$ によって与えられる．一方，u^{-1} は時間微分の条件から決める．簡単には $\partial u/\partial t$ を後退差分で近似して $u^{-1} = u^0$ とすればよいが，中心差分で近似する場合には $u^{-1} = u^1$ が条件になる．この場合は式 (4.48) にこの関係を代入して u^{-1} を消去する．

第 4 章の章末問題

問 1 2 次元の波動方程式を，膜の振動を例にとって，本文の弦の振動と同じようにして導け．

問 2 次のポアソン方程式の境界値問題を 5×5 の等間隔格子を用いて解き，各格子点における u の近似値を求めよ．ただし，すべての境界において $u = 0$ とする．(対称性を利用せよ．)

$$\frac{\partial^2 u}{\partial x^2} + \frac{\partial^2 u}{\partial y^2} = -\frac{1}{x^2 + y^2} \quad \left(x^2 + y^2 \neq 0 \,;\, -\frac{5}{2} \leq x \leq \frac{5}{2} \,;\, -\frac{5}{2} \leq y \leq \frac{5}{2} \right)$$

問 3 (1) 差分方程式 (4.35) は

$$u_j^n = g^n \exp(\sqrt{-1}\,\xi j \Delta x) \quad (g^n \text{ は } g \text{ の } n \text{ 乗 ; } \xi \text{ は任意の実数})$$

という特解をもつことが知られている．この式を式 (4.35) に代入して g を r と ξ を含んだ式で表せ．

(2) 任意の ξ に対して $|g| \leq 1$ が成り立つ条件を求めよ ($|g| > 1$ ならば $n \to \infty$ のとき解は発散する)．

第5章
複雑な領域における計算法

　現実問題に数値シミュレーションを適用しようとする場合，数学で取り扱うような単純な形状をした領域で間に合うことはまれである．いいかえれば，複雑な領域でシミュレーションができてはじめて役に立つシミュレーションになる．たとえば走行している自動車の空気抵抗をシミュレーションによって求めるとき，自動車の形状は非常に複雑である．このような問題に対してどう対処するかを述べるのが本章の目的である．4章で紹介した差分法を用いる場合に標準的に使われる方法は一般座標を用いて複雑な領域を単純な形状の領域に変換して解くという方法であるが，本章ではわかりやすくするため，まず曲線格子であっても差分近似ができることを示し，ついで曲線格子の生成法を説明した後で一般座標変換について解説する．

●本章の内容●
直交しない格子による差分近似
格子生成法
一般の座標変換

5.1 直交しない格子による差分近似

差分法で不規則形状を取り扱う方法は大別して 2 種類ある．1 つは図 5.1 に示すように不規則な形状を**長方形格子**で近似するという方法である．もちろん，一般的な形状を長方形格子の集まりで表現しようとすると図に示すように境界と格子が一致しない．その場合，差は小さいとして階段状の領域を解くべき領域とみなすことも 1 つの方法であるが，**不等間隔格子**であっても差分は微分を近似できるため，境界上に格子点をのせるという方法も考えられる．たとえば，図 5.2 の記号を用いれば 1 階微分と 2 階微分は

$$(u_x)_\text{B} = \frac{1}{\Delta x}\left(\frac{1}{\theta(1+\theta)}u_\text{C} - \frac{1-\theta}{\theta}u_\text{B} - \frac{\theta}{1+\theta}u_\text{A}\right) \tag{5.1}$$

$$(u_{xx})_\text{B} = \frac{2}{(\Delta x)^2}\left(\frac{1}{\theta(1+\theta)}u_\text{C} + \frac{1}{1+\theta}u_\text{A} - \frac{1}{\theta}u_\text{B}\right) \tag{5.2}$$

によって近似される．このことはテイラー展開を用いて確かめることができる（章末問題，問 1 参照）．

一方，微分係数は必ずしも長方形格子でなくても表現することができる．この点をはっきりさせるために図 5.3 に示すように平面に A, B, C という 3 点をとって，その座標をそれぞれ (x_A, y_A), (x_B, y_B), (x_C, y_C) とし，各点における関数 $u(x, y)$ の値を $u_\text{A}, u_\text{B}, u_\text{C}$ としたとき，点 A における u の x および y に関する偏導関数 u_x, u_y の近似値をこれらの座標値と関数値を使って表してみよう．$u = u(x, y)$ は一般に空間曲面を表し，点 A, B, C に対応する曲面上の点を P, Q, R とすれば，点 P, Q, R を通る平面がただ 1 つ決まる．それを

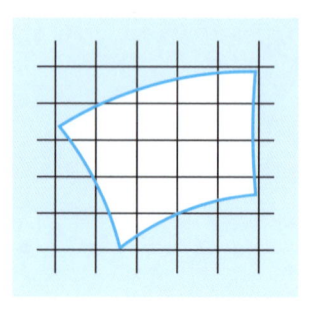

図 5.1 不規則な領域 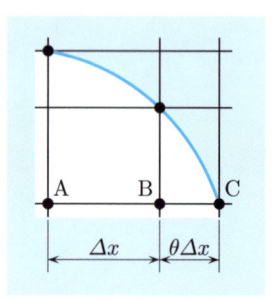　　図 5.2 不等間隔格子

5.1 直交しない格子による差分近似

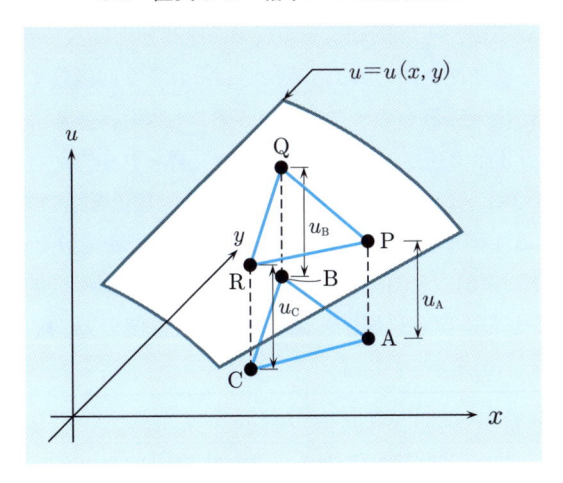

図 5.3 曲面上の 3 点を通る平面

$$ax + by + cu = 1 \tag{5.3}$$

とすれば，x と y で微分することにより

$$u_x = -\frac{a}{c}, \quad u_y = -\frac{b}{c} \tag{5.4}$$

となり，式 (5.3) の係数で表せる．それでは，具体的に a, b, c を求めてみよう．点 P, Q, R が平面 (5.3) 上にあるから，a, b, c に対する 3 元の連立 1 次方程式

$$ax_A + by_A + cu_A = 1$$

$$ax_B + by_B + cu_B = 1$$

$$ax_C + by_C + cu_C = 1$$

が得られる．これを解いて a, b, c を求めて式 (5.4) に代入すれば

$$u_x = \frac{(y_A - y_C)(u_A - u_B) - (y_A - y_B)(u_A - u_C)}{(x_A - x_B)(y_A - y_C) - (x_A - x_C)(y_A - y_B)} \tag{5.5}$$

$$u_y = -\frac{(x_A - x_C)(u_A - u_B) - (x_A - x_B)(u_A - u_C)}{(x_A - x_B)(y_A - y_C) - (x_A - x_C)(y_A - y_B)} \tag{5.6}$$

という関係が得られる．すなわち，3 点の座標値とその点における関数値から 1 階微分が計算できることになる．

第5章 複雑な領域における計算法

2階微分については，上と同様に，5点での座標値と関数値が与えられれば，それらを用いて2次曲面を決めることができ，それを2回微分すれば2次曲面の係数を用いて2階微分係数を表すことができる．しかし，非常に式が煩雑になるため，ふつうは5.3節で述べる座標変換を用いて得られる式から決める．あるいは，別の方法として，まず各点において座標値と関数値を用いて式 (5.5), (5.6) から各点における1階導関数を計算する．そして2階導関数を1階導関数の導関数と考えて，式 (5.5), (5.6) を再度使えばよい．すなわち，点 A, B, C（点 P, Q, R）における x および y に関する偏導関数の近似値を $(u_x)_A, (u_x)_B, (u_x)_C$ と $(u_y)_A, (u_y)_B, (u_y)_C$ とすれば

$$u_{xx} = \frac{(y_A - y_C)((u_x)_A - (u_x)_B) - (y_A - y_B)((u_x)_A - (u_x)_C)}{(x_A - x_B)(y_A - y_C) - (x_A - x_C)(y_A - y_B)} \tag{5.7}$$

$$u_{xy} = -\frac{(x_A - x_C)((u_x)_A - (u_x)_B) - (x_A - x_B)((u_x)_A - (u_x)_C)}{(x_A - x_B)(y_A - y_C) - (x_A - x_C)(y_A - y_B)} \tag{5.8}$$

$$u_{yy} = -\frac{(x_A - x_C)((u_y)_A - (u_y)_B) - (x_A - x_B)((u_y)_A - (u_y)_C)}{(x_A - x_B)(y_A - y_C) - (x_A - x_C)(y_A - y_B)} \tag{5.9}$$

と近似できる．

式 (5.5) は A と B および A と C の差と関係するパラメータ ξ, η を用いて

$$u_x = \frac{(y_A - y_C)(u_A - u_B)/(\Delta\eta\Delta\xi) - (y_A - y_B)(u_A - u_C)/(\Delta\xi\Delta\eta)}{(x_A - x_B)(y_A - y_C)/(\Delta\xi\Delta\eta) - (x_A - x_C)(y_A - y_B)/(\Delta\eta\Delta\xi)}$$

と書き直せるが，この式は $\Delta\xi$ と $\Delta\eta$ が 0 の極限で

$$u_x = \frac{y_\eta u_\xi - y_\xi u_\eta}{x_\xi y_\eta - x_\eta y_\xi} \tag{5.10}$$

となる．同様に式 (5.6) は

$$u_y = -\frac{x_\eta u_\xi - x_\xi u_\eta}{x_\xi y_\eta - x_\eta y_\xi} \tag{5.11}$$

となる．実はこの式は 5.3 節の座標変換で得られる式と一致する．

式 (5.5), (5.6) を式 (5.10), (5.11) の差分近似とみなせば，1次精度の差分で近似したことになっている．そこで精度を上げるために2次精度の差分（中心差分）を用いて近似すれば

5.1 直交しない格子による差分近似

$$(u_x)_{j,k} = \frac{(y_{j,k+1} - y_{j,k-1})(u_{j+1,k} - u_{j-1,k}) - (y_{j+1,k} - y_{j-1,k})(u_{j,k+1} - u_{j,k-1})}{(x_{j+1,k} - x_{j-1,k})(y_{j,k+1} - y_{j,k-1}) - (x_{j,k+1} - x_{j,k-1})(y_{j+1,k} - y_{j-1,k})} \tag{5.12}$$

$$(u_y)_{j,k} = -\frac{(x_{j,k+1} - x_{j,k-1})(u_{j+1,k} - u_{j-1,k}) - (x_{j+1,k} - x_{j-1,k})(u_{j,k+1} - u_{j,k-1})}{(x_{j+1,k} - x_{j-1,k})(y_{j,k+1} - y_{j,k-1}) - (x_{j,k+1} - x_{j,k-1})(y_{j+1,k} - y_{j-1,k})} \tag{5.13}$$

という近似式が得られる．ただし，添字は図 5.4 に示す格子点を表す．

なお，これまでに得られた近似式を長方形格子に適用すれば通常の差分近似式になる．たとえば，式 (5.12) で

$$x_{j+1,k} = x_{j-1,k} + 2\Delta x$$
$$y_{j+1,k} = y_{j-1,k}$$
$$x_{j,k+1} = x_{j,k-1}$$
$$y_{j,k+1} = y_{j,k-1} + 2\Delta y$$

とおけば（図 5.5）

$$(u_x)_{j,k} = \frac{u_{j+1,k} - u_{j-1,k}}{2\Delta x}$$
$$(u_y)_{j,k} = \frac{u_{j,k+1} - u_{j,k-1}}{2\Delta y}$$

となり，中心差分と一致する．

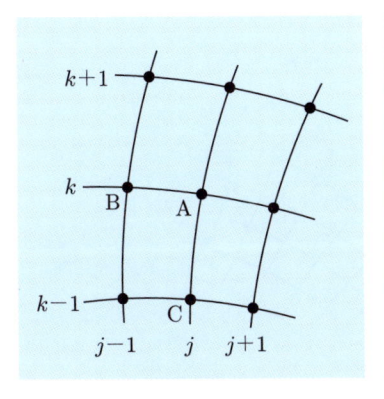

図 5.4　曲面格子の格子点

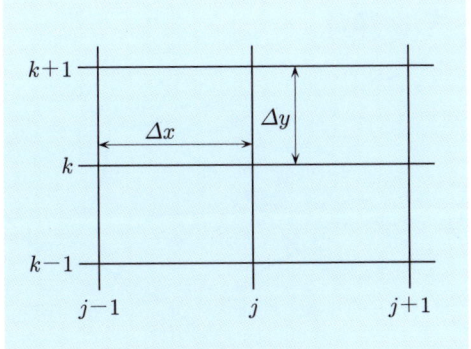

図 5.5　長方形格子

5.2 格子生成法

前節では偏微分係数が必ずしも長方形格子でなくてもそれらが離散的な点の座標値と関数値を用いて近似できることを示した．すなわち，式 (5.5), (5.6) や式 (5.12), (5.13) を用いる限り離散点はどのように分布していてもよい．極端にいえば，これらの離散点が格子状にならんでいる必要すらない．ただし，プログラムの組みやすさや効率からいえば格子状にならんでいることのメリットは大きい．そこで，本節では図 5.6 (a) に示すような不規則な領域において，図 5.6 (b) に示すような曲線状の格子（実際には格子点の座標）を求める方法について説明する．このような手続きを**格子生成**とよんでいる．

前節で述べたが，複雑な形状をもつ領域で微分方程式を解く場合，その領域の境界に沿った曲線格子をつくり，各格子点の (x, y) 座標の数値を与えればよい．したがって，極端な場合として，領域を方眼紙に書き込みフリーハンドで格子を描き，各格子点の (x, y) 座標を方眼紙から読み取れば，その領域で計算ができる．しかし，格子点が多数になった場合や領域が 3 次元の場合などは事実上このような方法は使えない．そこで本節では，境界が与えられた場合に内部に格子をつくり，各格子点の座標を一括して求める方法（格子生成法）について解説する．なお，格子生成法には大別して補間や変換関数を利用して代数的に格子を生成する方法（**代数的格子生成法**）と偏微分方程式の解を利用して格子を生成する方法があるが，ここでは単純で計算時間もかからない前者について述べる．

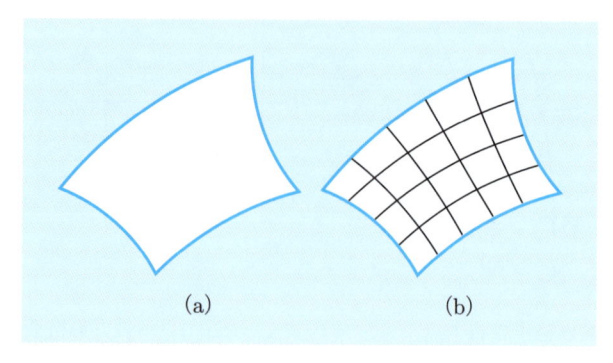

図 5.6 不規則な領域と曲線格子

5.2 格子生成法

　格子生成法とは一般に領域の境界上における格子点の座標を用いて内部に格子点を分布させ，その座標を求める方法と解釈できる．そこで1つの方法として適当な補間法を用いればよい．はじめに，図 5.7 に示すように向かい合った辺の 1 組が直線の場合を考える．その場合領域内に，図の ξ（または j）方向に J 個，η（または k）方向に K 個の合計 $J \times K$ 個の格子をつくるとしよう．図に示すように向かい合った曲線境界 AB, CD は $\eta = 0$ と $\eta = K$ の格子線になる．この境界上に同数（$J-1$ 個）の格子点を配置する．このとき，これらの格子点の座標 $(x_{j,0}, y_{j,0})$, $(x_{j,K}, y_{j,K})$（ただし $j = 0, 1, \cdots, J$）は既知である．次に向かい合った曲線境界上で同じ j の値をもつ 2 点を直線で結ぶ（図 5.8(a)）．そしてそれぞれの直線上に適当な方法で $K-1$ 個の格子点を分布させればよい．最も簡単には K 等分，すなわち

$$x_{j,k} = \varphi_0(\eta_k)x_{j,0} + \varphi_1(\eta_k)x_{j,K}, \quad y_{j,k} = \varphi_0(\eta_k)y_{j,0} + \varphi_1(\eta_k)y_{j,K}$$

$$(j = 0, 1, \cdots, J\,;\ k = 0, 1, \cdots, K) \tag{5.14}$$

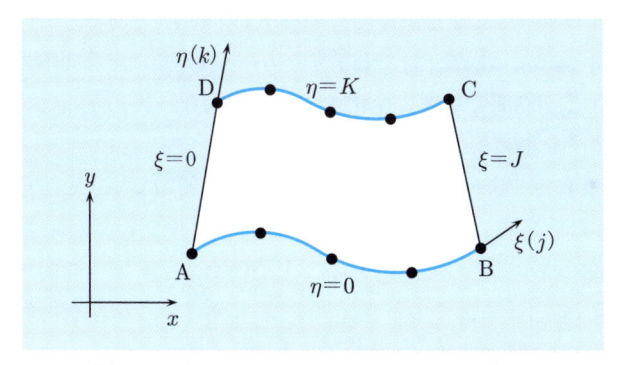

図 5.7　向かい合った 1 組の辺が直線の領域

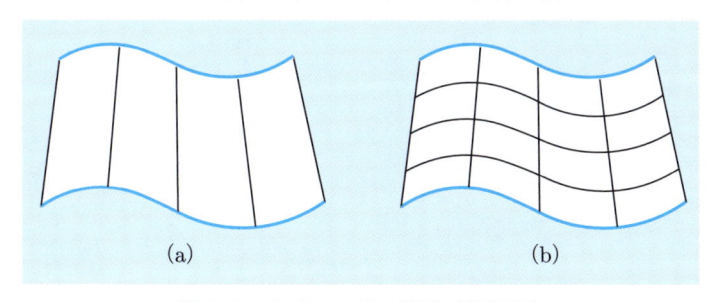

図 5.8　ラグランジュ補間（等間隔）

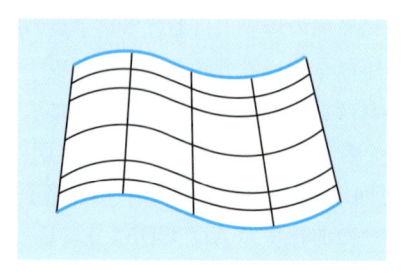

図 5.9　ラグランジュ補間（不等間隔）

とする．ただし，$\eta_k = k/K$ で

$$\varphi_0(\eta_k) = 1 - \eta_k, \quad \varphi_1(\eta_k) = \eta_k \tag{5.15}$$

である（図 5.8 (b)）．この式は

$$\boldsymbol{r}_{j,k} = \boldsymbol{r}(\xi_j, \eta_k) = \sum_{n=0}^{1} \varphi_n(\eta_k) \boldsymbol{r}_{j,K(n)} \quad (j = 0, 1, \cdots, J) \tag{5.16}$$

と書くこともできる．ただし，$K(0) = 0$, $K(1) = K$ である．この方法を**ラグランジュ補間**とよぶ．式 (5.14) では式 (5.15) を用いて点を等間隔に分布させたが，これを 0 と 1 の間で単調に変化する適当な関数に代えることにより，たとえば境界に格子を集めることができる（図 5.9）．

次に図 5.10 に示すように四方が曲線で囲まれた領域で格子を生成することを考え，このとき最終的に得られる格子の位置ベクトルを $\boldsymbol{r}$ としよう．まず，AD と BC を直線で結んでその領域において上述のラグランジュ補間法を用いて得られる格子を $\boldsymbol{r}_\mathrm{L}$ とする．このとき，図 5.11 に示すように左右境界で差が生じる．そこで

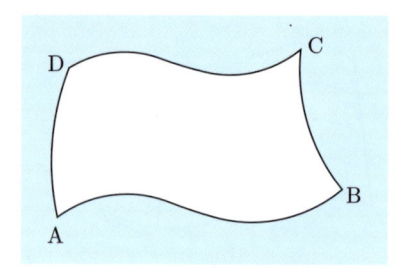

図 5.10　一般の領域 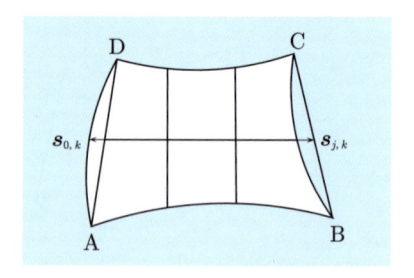　　　　図 5.11　超限補間

5.2 格子生成法

$$s_{j,k} = s(\xi_j, \eta_k) = r(\xi_j, \eta_k) - r_L(\xi_j, \eta_k)$$
$$= r(\xi_j, \eta_k) - \sum_{n=0}^{1} \varphi_n(\eta_k) r_{j, K(n)} \tag{5.17}$$

という量をつくれば,曲線 AD, BC すなわち $r(\xi_0, \eta_k)$, $r(\xi_J, \eta_k)$ は既知であるから

$$s_{0,k} = s(\xi_0, \eta_k) = r(\xi_0, \eta_k) - r_L(\xi_0, \eta_k)$$
$$s_{J,k} = s(\xi_J, \eta_k) = r(\xi_J, \eta_k) - r_L(\xi_J, \eta_k)$$
$$(k = 0, 1, \cdots, K) \tag{5.18}$$

も各 η_k について境界 AD, BC 上において既知になる.そこでこの差を用いて,内部格子点における差を補間する.すなわち,ラグランジュ補間で得られた格子 r_L と最終的に求めるべき格子の内部格子点における差を境界での差 (5.18) から補間式

$$s_{j,k} = s(\xi_j, \eta_k) = \sum_{m=0}^{1} \psi_m(\xi_j) s_{J(m), k} \tag{5.19}$$

$$(j = 1, 2, \cdots, J - 1 \,;\, k = 0, 1, \cdots, K)$$

(ただし, $J(0) = 0$, $J(1) = M$, $\xi_j = j/J$ で $\psi_0(\xi_j) = 1 - \xi_j$, $\psi_1(\xi_j) = \xi_j$) を用いて計算する.このとき, $s_{j,k}$ は $j=0$ において,式 (5.18) の第1式と一致し,内部では線形的に徐々に変化し, $j=J$ で式 (5.18) の第2式と一致する量となる.

式 (5.17) を式 (5.19) の両辺に代入して $r_{j,k}$ について解けば

$$\begin{aligned} r_{j,k} &= r(\xi_j, \eta_k) \\ &= \sum_{m=0}^{1} \psi_m(\xi_j) r_{J(m), k} + \sum_{n=0}^{1} \varphi_n(\eta_k) r_{j, K(n)} \\ &\quad - \sum_{m=0}^{1} \sum_{n=0}^{1} \psi_m(\xi_j) \varphi_j(\eta_k) r_{J(m), K(n)} \end{aligned} \tag{5.20}$$

$$(j = 0, 1, \cdots, J \,;\, k = 0, 1, \cdots, k)$$

となる.上式で計算した境界上の格子点の座標は,その導き方からもわかるようにもとの境界線上にある.式 (5.20) を利用して内部格子点の座標を決める方法を**超限補間法**(transfinite interpolation)による格子生成とよんでいる.

5.3 一般の座標変換

前節で述べた格子生成法によって格子点の座標が求まれば，もとの偏微分方程式は式 (5.5), (5.6) や式 (5.7), (5.8), (5.9) などを用いて近似できる．ただし，2 階微分などは使いにくい場合があるため，本節では一般の座標変換という概念を紹介し，これを用いても式 (5.10), (5.11) が得られ，また 2 階微分に対する使いやすい形の式が得られることを示す．

(a) 2 次元座標変換

2 次元座標変換

$$\begin{cases} x = x(\xi, \eta) \\ y = y(\xi, \eta) \end{cases} \quad \begin{cases} \xi = \xi(x, y) \\ \eta = \eta(x, y) \end{cases} \tag{5.21}$$

を考える．この変換によって図 5.12 示すように xy 平面の曲線で囲まれた領域が $\xi\eta$ 平面の長方形領域に変換されたとする．この場合，$\xi\eta$ 平面では直交等間隔格子を用いて差分計算できるため，式 (5.21) によって解きたい方程式を変換して $\xi\eta$ 平面で差分近似すればよい．xy 平面はもともと方程式が与えられているため**物理面**，$\xi\eta$ 平面は実際の計算を行うため**計算面**という．また，式 (5.21) を**一般座標変換**という．以下，式 (5.21) が与えられた場合に，物理面の 1 階および 2 階微分がどのように変換されるかを考える．

基礎になるのは偏微分の変数変換の関係式

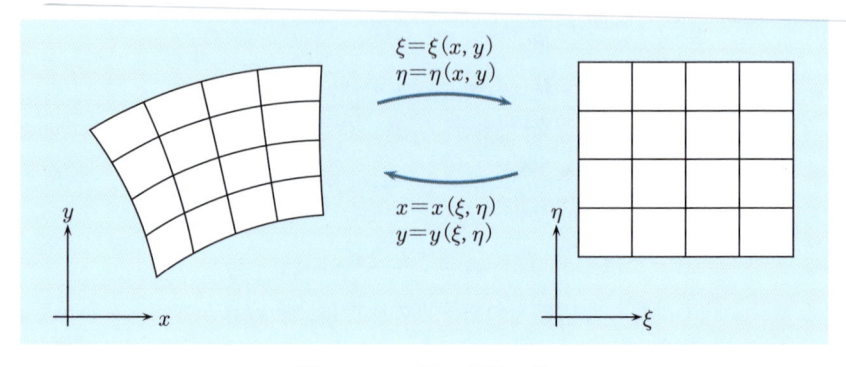

図 5.12　一般の座標変換

5.3 一般の座標変換

$$\frac{\partial u}{\partial x} = \frac{\partial \xi}{\partial x}\frac{\partial u}{\partial \xi} + \frac{\partial \eta}{\partial x}\frac{\partial u}{\partial \eta} \tag{5.22}$$

$$\frac{\partial u}{\partial y} = \frac{\partial \xi}{\partial y}\frac{\partial u}{\partial \xi} + \frac{\partial \eta}{\partial y}\frac{\partial u}{\partial \eta} \tag{5.23}$$

である.しかし,これらの式の右辺には x, y に関する微分が含まれているため,このままの形では,計算面で計算を行うのに適当ではない.すなわち,これらの項をすべて ξ と η の微分で表す必要がある.そこで,式 (5.22) の u に x および y を代入すれば,

$$\frac{\partial \xi}{\partial x}\frac{\partial x}{\partial \xi} + \frac{\partial \eta}{\partial x}\frac{\partial x}{\partial \eta} = \frac{\partial x}{\partial x} = 1$$

$$\frac{\partial \xi}{\partial x}\frac{\partial y}{\partial \xi} + \frac{\partial \eta}{\partial x}\frac{\partial y}{\partial \eta} = \frac{\partial y}{\partial x} = 0$$

となることを利用して,この式を $\partial \xi/\partial x, \partial \eta/\partial x$ について解く.その結果,

$$J = \frac{\partial x}{\partial \xi}\frac{\partial y}{\partial \eta} - \frac{\partial x}{\partial \eta}\frac{\partial y}{\partial \xi} \tag{5.24}$$

として,

$$\frac{\partial \xi}{\partial x} = \frac{1}{J}\frac{\partial y}{\partial \eta}, \quad \frac{\partial \eta}{\partial x} = -\frac{1}{J}\frac{\partial y}{\partial \xi} \tag{5.25}$$

が得られる.同様に,式 (5.23) の u に x および y を代入すれば,

$$\frac{\partial \xi}{\partial y}\frac{\partial x}{\partial \xi} + \frac{\partial \eta}{\partial y}\frac{\partial x}{\partial \eta} = \frac{\partial x}{\partial y} = 0$$

$$\frac{\partial \xi}{\partial y}\frac{\partial y}{\partial \xi} + \frac{\partial \eta}{\partial y}\frac{\partial y}{\partial \eta} = \frac{\partial y}{\partial y} = 1$$

となり,この式を $\partial \xi/\partial y, \partial \eta/\partial y$ について解けば,

$$\frac{\partial \xi}{\partial y} = -\frac{1}{J}\frac{\partial x}{\partial \eta}, \quad \frac{\partial \eta}{\partial y} = \frac{1}{J}\frac{\partial x}{\partial \xi} \tag{5.26}$$

となる.ここで J は変換のヤコビアンとよばれる.式 (5.25), (5.26) を式 (5.22), (5.23) に代入すれば

$$\begin{aligned}\frac{\partial u}{\partial x} &= \frac{1}{J}\left(\frac{\partial y}{\partial \eta}\frac{\partial u}{\partial \xi} - \frac{\partial y}{\partial \xi}\frac{\partial u}{\partial \eta}\right) \\ \frac{\partial u}{\partial y} &= \frac{1}{J}\left(-\frac{\partial x}{\partial \eta}\frac{\partial u}{\partial \xi} + \frac{\partial x}{\partial \xi}\frac{\partial u}{\partial \eta}\right)\end{aligned} \tag{5.27}$$

が得られる．これらは式 (5.10), (5.11) と一致している．式 (5.27) の右辺はすべて計算面における ξ と η の微分で表されている．

変換された方程式の格子幅 $\Delta\xi$, $\Delta\eta$ と係数を計算するときの格子幅 $\Delta\xi$, $\Delta\eta$ は等しくとるため，$\Delta\xi = \Delta\eta = 1$ にとっても一般性は失わない．なぜなら，以下に示すように u_x 等の計算には $\Delta\xi$, $\Delta\eta$ は互いに打ち消し合うからである．

$$\frac{\partial u}{\partial x} = \frac{(y_{j,k+1} - y_{j,k-1})(u_{j+1,k} - u_{j-1,k}) - (y_{j+1,k} - y_{j-1,k})(u_{j,k+1} - u_{j,k-1})}{(x_{j+1,k} - x_{j-1,k})(y_{j,k+1} - y_{j,k-1}) - (y_{j+1,k} - y_{j-1,k})(x_{j,k+1} - x_{j,k-1})}$$

ここでは，座標変換という考え方を用いて微分を表現しているが，この式からもわかるように $\xi\eta$ 平面の格子は計算式には現れない．したがって，物理面で曲線格子をつくり各格子点で $(x_{j,k}, y_{j,k})$ の数値を与えれば，物理面の微分が計算できる．これは 2 階以上の微分に対してもいえることであり，座標変換の考え方はもっぱら xy 平面における差分の近似式を得るために用いられる．

(b) 種々の公式

(a) 項で得られた式から，ただちに次の関係が得られる：

$$\nabla u = \frac{1}{J}\left[\left(\frac{\partial y}{\partial \eta}\frac{\partial u}{\partial \xi} - \frac{\partial y}{\partial \xi}\frac{\partial u}{\partial \eta}\right)\boldsymbol{i} + \left(-\frac{\partial x}{\partial \eta}\frac{\partial u}{\partial \xi} + \frac{\partial x}{\partial \xi}\frac{\partial u}{\partial \eta}\right)\boldsymbol{j}\right] \quad (5.28)$$

$$\nabla \cdot \boldsymbol{u} = \frac{1}{J}\left(\frac{\partial y}{\partial \eta}\frac{\partial u_1}{\partial \xi} - \frac{\partial y}{\partial \xi}\frac{\partial u_1}{\partial \eta} - \frac{\partial x}{\partial \eta}\frac{\partial u_2}{\partial \xi} + \frac{\partial x}{\partial \xi}\frac{\partial u_2}{\partial \eta}\right) \quad (5.29)$$

$$\nabla \times \boldsymbol{u} = \frac{1}{J}\left(\frac{\partial y}{\partial \eta}\frac{\partial u_2}{\partial \xi} - \frac{\partial y}{\partial \xi}\frac{\partial u_2}{\partial \eta} + \frac{\partial x}{\partial \eta}\frac{\partial u_1}{\partial \xi} - \frac{\partial x}{\partial \xi}\frac{\partial u_1}{\partial \eta}\right)\boldsymbol{k} \quad (5.30)$$

ただし，

$$\boldsymbol{u} = (u_1, u_2, 0)$$

であり，$\boldsymbol{i}$, $\boldsymbol{j}$, $\boldsymbol{k}$ は x, y, z 方向の基底ベクトルである．

$\xi =$ 定数，$\eta =$ 定数 に対する**法線単位ベクトル** $\boldsymbol{n}^{(\xi)}$, $\boldsymbol{n}^{(\eta)}$ は式 (5.28) で $u = \xi$ または $u = \eta$ とおいて

$$\boldsymbol{n}^{(\xi)} = \frac{\nabla \xi}{|\nabla \xi|} = \frac{1}{\sqrt{\alpha}}\left(\frac{\partial y}{\partial \eta}\boldsymbol{i} - \frac{\partial x}{\partial \eta}\boldsymbol{j}\right)$$

$$\boldsymbol{n}^{(\eta)} = \frac{\nabla \eta}{|\nabla \eta|} = \frac{1}{\sqrt{\gamma}}\left(-\frac{\partial y}{\partial \xi}\boldsymbol{i} + \frac{\partial x}{\partial \xi}\boldsymbol{j}\right)$$

5.3 一般の座標変換

となる．ただし α, γ は式 (5.34) で定義されている．また，それぞれの曲線の接線単位ベクトル $\boldsymbol{t}^{(\xi)}$, $\boldsymbol{t}^{(\eta)}$ は

$$\boldsymbol{t}^{(\xi)} = \boldsymbol{n}^{(\xi)} \times \boldsymbol{k} = -\frac{1}{\sqrt{\alpha}}\left(\frac{\partial x}{\partial \eta}\boldsymbol{i} + \frac{\partial y}{\partial \eta}\boldsymbol{j}\right)$$

$$\boldsymbol{t}^{(\eta)} = \boldsymbol{n}^{(\eta)} \times \boldsymbol{k} = \frac{1}{\sqrt{\gamma}}\left(\frac{\partial x}{\partial \xi}\boldsymbol{i} + \frac{\partial y}{\partial \xi}\boldsymbol{j}\right)$$

となる．さらに法線方向微分は次式で与えられる：

$$\frac{\partial u}{\partial \boldsymbol{n}^{(\xi)}} = \boldsymbol{n}^{(\xi)} \cdot \nabla u = \left(\alpha\frac{\partial u}{\partial \xi} - \beta\frac{\partial u}{\partial \eta}\right) \Big/ (J\sqrt{\alpha})$$

$$\frac{\partial u}{\partial \boldsymbol{n}^{(\eta)}} = \boldsymbol{n}^{(\eta)} \cdot \nabla u = \left(\gamma\frac{\partial u}{\partial \eta} - \beta\frac{\partial u}{\partial \xi}\right) \Big/ (J\sqrt{\gamma})$$

2 階微分を求めるには式 (5.22), (5.23) を 2 回用いる．すなわち，

$$\frac{\partial^2 u}{\partial x^2} = \frac{\partial}{\partial x}\left(\frac{\partial u}{\partial x}\right)$$

$$= \frac{1}{J}\left[\frac{\partial y}{\partial \eta}\frac{\partial}{\partial \xi}\left(\frac{1}{J}\left(\frac{\partial y}{\partial \eta}\frac{\partial u}{\partial \xi} - \frac{\partial y}{\partial \xi}\frac{\partial u}{\partial \eta}\right)\right) - \frac{\partial y}{\partial \xi}\frac{\partial}{\partial \eta}\left(\frac{1}{J}\left(\frac{\partial y}{\partial \eta}\frac{\partial u}{\partial \xi} - \frac{\partial y}{\partial \xi}\frac{\partial u}{\partial \eta}\right)\right)\right]$$

$$= \frac{1}{J^2}\left(\left(\frac{\partial y}{\partial \eta}\right)^2\frac{\partial^2 u}{\partial \xi^2} - 2\frac{\partial y}{\partial \xi}\frac{\partial y}{\partial \eta}\frac{\partial^2 u}{\partial \xi\partial \eta} + \left(\frac{\partial y}{\partial \xi}\right)^2\frac{\partial^2 u}{\partial \eta^2}\right)$$

$$+ \frac{1}{J^3}\left(\left(\frac{\partial y}{\partial \eta}\right)^2\frac{\partial^2 y}{\partial \xi^2} - 2\frac{\partial y}{\partial \xi}\frac{\partial y}{\partial \eta}\frac{\partial^2 y}{\partial \xi\partial \eta} + \left(\frac{\partial y}{\partial \xi}\right)^2\frac{\partial^2 y}{\partial \eta^2}\right)\left(\frac{\partial x}{\partial \eta}\frac{\partial u}{\partial \xi} - \frac{\partial x}{\partial \xi}\frac{\partial u}{\partial \eta}\right)$$

$$+ \frac{1}{J^3}\left(\left(\frac{\partial y}{\partial \eta}\right)^2\frac{\partial^2 x}{\partial \xi^2} - 2\frac{\partial y}{\partial \xi}\frac{\partial y}{\partial \eta}\frac{\partial^2 x}{\partial \xi\partial \eta} + \left(\frac{\partial y}{\partial \xi}\right)^2\frac{\partial^2 x}{\partial \eta^2}\right)\left(\frac{\partial y}{\partial \xi}\frac{\partial u}{\partial \eta} - \frac{\partial y}{\partial \eta}\frac{\partial u}{\partial \xi}\right) \tag{5.31}$$

$$\frac{\partial^2 u}{\partial y^2} = \frac{1}{J^2}\left(\left(\frac{\partial x}{\partial \eta}\right)^2\frac{\partial^2 u}{\partial \xi^2} - 2\frac{\partial x}{\partial \xi}\frac{\partial x}{\partial \eta}\frac{\partial^2 u}{\partial \xi\partial \eta} + \left(\frac{\partial x}{\partial \xi}\right)^2\frac{\partial^2 u}{\partial \eta^2}\right)$$

$$+ \frac{1}{J^3}\left(\left(\frac{\partial x}{\partial \eta}\right)^2\frac{\partial^2 y}{\partial \xi^2} - 2\frac{\partial x}{\partial \xi}\frac{\partial x}{\partial \eta}\frac{\partial^2 y}{\partial \xi\partial \eta} + \left(\frac{\partial x}{\partial \xi}\right)^2\frac{\partial^2 y}{\partial \eta^2}\right)\left(\frac{\partial x}{\partial \eta}\frac{\partial u}{\partial \xi} - \frac{\partial x}{\partial \xi}\frac{\partial u}{\partial \eta}\right)$$

$$+ \frac{1}{J^3}\left(\left(\frac{\partial x}{\partial \eta}\right)^2\frac{\partial^2 x}{\partial \xi^2} - 2\frac{\partial x}{\partial \xi}\frac{\partial x}{\partial \eta}\frac{\partial^2 x}{\partial \xi\partial \eta} + \left(\frac{\partial x}{\partial \xi}\right)^2\frac{\partial^2 x}{\partial \eta^2}\right)\left(\frac{\partial y}{\partial \xi}\frac{\partial u}{\partial \eta} - \frac{\partial y}{\partial \eta}\frac{\partial u}{\partial \xi}\right) \tag{5.32}$$

となる．したがって，ラプラス演算子は次式で与えられる．

$$\Delta u = \frac{1}{J^2}\left(\alpha\frac{\partial^2 u}{\partial \xi^2} - 2\beta\frac{\partial^2 u}{\partial \xi \partial \eta} + \gamma\frac{\partial^2 u}{\partial \eta^2}\right)$$
$$+ \frac{1}{J^3}\left(\alpha\frac{\partial^2 x}{\partial \xi^2} - 2\beta\frac{\partial^2 x}{\partial \xi \partial \eta} + \gamma\frac{\partial^2 x}{\partial \eta^2}\right)\left(\frac{\partial y}{\partial \xi}\frac{\partial u}{\partial \eta} - \frac{\partial y}{\partial \eta}\frac{\partial u}{\partial \xi}\right)$$
$$+ \frac{1}{J^3}\left(\alpha\frac{\partial^2 y}{\partial \xi^2} - 2\beta\frac{\partial^2 y}{\partial \xi \partial \eta} + \gamma\frac{\partial^2 y}{\partial \eta^2}\right)\left(\frac{\partial x}{\partial \eta}\frac{\partial u}{\partial \xi} - \frac{\partial x}{\partial \xi}\frac{\partial u}{\partial \eta}\right) \qquad (5.33)$$

ここで

$$\alpha = \left(\frac{\partial x}{\partial \eta}\right)^2 + \left(\frac{\partial y}{\partial \eta}\right)^2, \quad \beta = \frac{\partial x}{\partial \xi}\frac{\partial x}{\partial \eta} + \frac{\partial y}{\partial \xi}\frac{\partial y}{\partial \eta}, \quad \gamma = \left(\frac{\partial x}{\partial \xi}\right)^2 + \left(\frac{\partial y}{\partial \xi}\right)^2$$

(5.34)

である．
　以上の関係式をデカルト座標で表現された基礎方程式に代入することにより，一般座標系における方程式を得ることができる．

(c) 時間依存性のある座標変換

　水面波の問題など，領域形状が時間的に変化するような問題（**自由表面問題**）を取り扱うときにも座標変換は役に立つ．この場合，時間的に変化する領域を，変数として時間を含む座標変換（**時間依存座標変換**）を用いて時間的に不変な領域に写像する．
　ふつう時間の計り方は物理面でも計算面でも同じにとるため，変換関数としては

$$\begin{cases} x = x(\xi, \eta, \tau) \\ y = y(\xi, \eta, \tau) \\ t = \tau \end{cases} \qquad (5.35)$$

を用いる．このとき，

$$\left(\frac{\partial u}{\partial \tau}\right)_{\xi,\eta} = \left(\frac{\partial u}{\partial x}\right)_{y,t}\left(\frac{\partial x}{\partial \tau}\right)_{\xi,\eta} + \left(\frac{\partial u}{\partial y}\right)_{x,t}\left(\frac{\partial y}{\partial \tau}\right)_{\xi,\eta} + \left(\frac{\partial u}{\partial t}\right)_{x,y}\left(\frac{\partial t}{\partial \tau}\right)_{\xi,\eta}$$

となる（添字は一定に保つ変数を表わす）．$\tau = t$ であるから，上式は

$$\left(\frac{\partial u}{\partial t}\right)_{x,y} = \left(\frac{\partial u}{\partial \tau}\right)_{\xi,\eta} - \left(\frac{\partial u}{\partial x}\right)_{y,t}\left(\frac{\partial x}{\partial \tau}\right)_{\xi,\eta} - \left(\frac{\partial u}{\partial y}\right)_{x,t}\left(\frac{\partial y}{\partial \tau}\right)_{\xi,\eta} \qquad (5.36)$$

となる.一方,x, y に関する偏微分は式 (5.27) から

$$\left(\frac{\partial u}{\partial x}\right)_{y,t} = \frac{1}{J}\left(\frac{\partial y}{\partial \eta}\frac{\partial u}{\partial \xi} - \frac{\partial y}{\partial \xi}\frac{\partial u}{\partial \eta}\right)$$
$$\left(\frac{\partial u}{\partial y}\right)_{x,t} = \frac{1}{J}\left(-\frac{\partial x}{\partial \eta}\frac{\partial u}{\partial \xi} + \frac{\partial x}{\partial \xi}\frac{\partial u}{\partial \eta}\right) \tag{5.37}$$

であるから,これを式 (5.36) に代入して

$$\left(\frac{\partial u}{\partial t}\right)_{x,y} = \left(\frac{\partial u}{\partial \tau}\right)_{\xi,\eta} - \frac{1}{J}\left(\frac{\partial y}{\partial \eta}\frac{\partial u}{\partial \xi} - \frac{\partial y}{\partial \xi}\frac{\partial u}{\partial \eta}\right)\left(\frac{\partial x}{\partial \tau}\right)_{\xi,\eta}$$
$$- \frac{1}{J}\left(\frac{\partial x}{\partial \xi}\frac{\partial u}{\partial \eta} - \frac{\partial x}{\partial \eta}\frac{\partial u}{\partial \xi}\right)\left(\frac{\partial y}{\partial \tau}\right)_{\xi,\eta} \tag{5.38}$$

が得られる.

(d) 3 次元座標変換

本節では時間に依存しない **3 次元座標変換**

$$\begin{cases} x = x(\xi, \eta, \zeta) \\ y = y(\xi, \eta, \zeta) \\ z = z(\xi, \eta, \zeta) \end{cases} \qquad \begin{cases} \xi = \xi(x, y, z) \\ \eta = \eta(x, y, z) \\ \zeta = \zeta(x, y, z) \end{cases} \tag{5.39}$$

について簡単に述べる.考え方は 2 次元の場合と同じである.

基礎になるのは偏微分の関係式

$$\frac{\partial u}{\partial x} = \frac{\partial \xi}{\partial x}\frac{\partial u}{\partial \xi} + \frac{\partial \eta}{\partial x}\frac{\partial u}{\partial \eta} + \frac{\partial \zeta}{\partial x}\frac{\partial u}{\partial \zeta} \tag{5.40}$$

$$\frac{\partial u}{\partial y} = \frac{\partial \xi}{\partial y}\frac{\partial u}{\partial \xi} + \frac{\partial \eta}{\partial y}\frac{\partial u}{\partial \eta} + \frac{\partial \zeta}{\partial y}\frac{\partial u}{\partial \zeta} \tag{5.41}$$

$$\frac{\partial u}{\partial z} = \frac{\partial \xi}{\partial z}\frac{\partial u}{\partial \xi} + \frac{\partial \eta}{\partial z}\frac{\partial u}{\partial \eta} + \frac{\partial \zeta}{\partial z}\frac{\partial u}{\partial \zeta} \tag{5.42}$$

である.式 (5.40) の u に順に x, y, z を代入すれば

$$\frac{\partial \xi}{\partial x}\frac{\partial x}{\partial \xi} + \frac{\partial \eta}{\partial x}\frac{\partial x}{\partial \eta} + \frac{\partial \zeta}{\partial x}\frac{\partial x}{\partial \zeta} = 1$$

$$\frac{\partial \xi}{\partial x}\frac{\partial y}{\partial \xi} + \frac{\partial \eta}{\partial x}\frac{\partial y}{\partial \eta} + \frac{\partial \zeta}{\partial x}\frac{\partial y}{\partial \zeta} = 0$$

$$\frac{\partial \xi}{\partial x}\frac{\partial z}{\partial \xi} + \frac{\partial \eta}{\partial x}\frac{\partial z}{\partial \eta} + \frac{\partial \zeta}{\partial x}\frac{\partial z}{\partial \zeta} = 0$$

となる．これを $\partial\xi/\partial x$, $\partial\eta/\partial x$, $\partial\zeta/\partial x$ に対する連立 1 次方程式とみなして解を求めれば

$$\frac{\partial \xi}{\partial x} = \frac{1}{J}\left(\frac{\partial y}{\partial \eta}\frac{\partial z}{\partial \zeta} - \frac{\partial y}{\partial \zeta}\frac{\partial z}{\partial \eta}\right)$$

$$\frac{\partial \eta}{\partial x} = \frac{1}{J}\left(\frac{\partial y}{\partial \zeta}\frac{\partial z}{\partial \xi} - \frac{\partial y}{\partial \xi}\frac{\partial z}{\partial \zeta}\right) \tag{5.43}$$

$$\frac{\partial \zeta}{\partial x} = \frac{1}{J}\left(\frac{\partial y}{\partial \xi}\frac{\partial z}{\partial \eta} - \frac{\partial y}{\partial \eta}\frac{\partial z}{\partial \xi}\right)$$

が得られる．同様に式 (5.41) の u を x, y, z とおいて連立 1 次方程式を解けば

$$\frac{\partial \xi}{\partial y} = \frac{1}{J}\left(\frac{\partial z}{\partial \eta}\frac{\partial x}{\partial \zeta} - \frac{\partial z}{\partial \zeta}\frac{\partial x}{\partial \eta}\right)$$

$$\frac{\partial \eta}{\partial y} = \frac{1}{J}\left(\frac{\partial z}{\partial \zeta}\frac{\partial x}{\partial \xi} - \frac{\partial z}{\partial \xi}\frac{\partial x}{\partial \zeta}\right) \tag{5.44}$$

$$\frac{\partial \zeta}{\partial y} = \frac{1}{J}\left(\frac{\partial z}{\partial \xi}\frac{\partial x}{\partial \eta} - \frac{\partial z}{\partial \eta}\frac{\partial x}{\partial \xi}\right)$$

となり，また式 (5.42) の u を x, y, z とおいて連立 1 次方程式を解いて

$$\frac{\partial \xi}{\partial z} = \frac{1}{J}\left(\frac{\partial x}{\partial \eta}\frac{\partial y}{\partial \zeta} - \frac{\partial x}{\partial \zeta}\frac{\partial y}{\partial \eta}\right)$$

$$\frac{\partial \eta}{\partial z} = \frac{1}{J}\left(\frac{\partial x}{\partial \zeta}\frac{\partial y}{\partial \xi} - \frac{\partial x}{\partial \xi}\frac{\partial y}{\partial \zeta}\right) \tag{5.45}$$

$$\frac{\partial \zeta}{\partial z} = \frac{1}{J}\left(\frac{\partial x}{\partial \xi}\frac{\partial y}{\partial \eta} - \frac{\partial x}{\partial \eta}\frac{\partial y}{\partial \xi}\right)$$

が得られる．ただし，J は 3 次元の座標変換のヤコビアンであり

$$\begin{aligned}J =\,& \frac{\partial x}{\partial \xi}\frac{\partial y}{\partial \eta}\frac{\partial z}{\partial \zeta} + \frac{\partial x}{\partial \eta}\frac{\partial y}{\partial \zeta}\frac{\partial z}{\partial \xi} + \frac{\partial x}{\partial \zeta}\frac{\partial y}{\partial \xi}\frac{\partial z}{\partial \eta} \\ & - \frac{\partial x}{\partial \xi}\frac{\partial y}{\partial \zeta}\frac{\partial z}{\partial \eta} - \frac{\partial x}{\partial \eta}\frac{\partial y}{\partial \xi}\frac{\partial z}{\partial \zeta} - \frac{\partial x}{\partial \zeta}\frac{\partial y}{\partial \eta}\frac{\partial z}{\partial \xi}\end{aligned} \tag{5.46}$$

で定義される．

これらの式から，ただちに次の関係が得られる．ただし，式に現れる $\partial\xi/\partial x$, $\partial\xi/\partial y$, $\partial\xi/\partial z$, $\partial\eta/\partial x$, $\partial\eta/\partial y$, $\partial\eta/\partial z$, $\partial\zeta/\partial x$, $\partial\zeta/\partial y$, $\partial\zeta/\partial z$ は式 (5.43), (5.44), (5.45) によって ξ, η, ζ の微分で置き換えるものとする．

5.3 一般の座標変換

$$\nabla u = \left(\frac{\partial \xi}{\partial x} \frac{\partial u}{\partial \xi} + \frac{\partial \eta}{\partial x} \frac{\partial u}{\partial \eta} + \frac{\partial \zeta}{\partial x} \frac{\partial u}{\partial \zeta} \right) \boldsymbol{i}$$
$$+ \left(\frac{\partial \xi}{\partial y} \frac{\partial u}{\partial \xi} + \frac{\partial \eta}{\partial y} \frac{\partial u}{\partial \eta} + \frac{\partial \zeta}{\partial y} \frac{\partial u}{\partial \zeta} \right) \boldsymbol{j} + \left(\frac{\partial \xi}{\partial z} \frac{\partial u}{\partial \xi} + \frac{\partial \eta}{\partial z} \frac{\partial u}{\partial \eta} + \frac{\partial \zeta}{\partial z} \frac{\partial u}{\partial \zeta} \right) \boldsymbol{k} \tag{5.47}$$

$$\nabla \cdot \boldsymbol{u} = \left(\frac{\partial \xi}{\partial x} \frac{\partial u_1}{\partial \xi} + \frac{\partial \eta}{\partial x} \frac{\partial u_1}{\partial \eta} + \frac{\partial \zeta}{\partial x} \frac{\partial u_1}{\partial \zeta} \right)$$
$$+ \left(\frac{\partial \xi}{\partial y} \frac{\partial u_2}{\partial \xi} + \frac{\partial \eta}{\partial y} \frac{\partial u_2}{\partial \eta} + \frac{\partial \zeta}{\partial y} \frac{\partial u_2}{\partial \zeta} \right) + \left(\frac{\partial \xi}{\partial z} \frac{\partial u_3}{\partial \xi} + \frac{\partial \eta}{\partial z} \frac{\partial u_3}{\partial \eta} + \frac{\partial \zeta}{\partial z} \frac{\partial u_3}{\partial \zeta} \right) \tag{5.48}$$

$$\nabla \times \boldsymbol{u} = \left(\frac{\partial \xi}{\partial y} \frac{\partial u_3}{\partial \xi} + \frac{\partial \eta}{\partial y} \frac{\partial u_3}{\partial \eta} + \frac{\partial \zeta}{\partial y} \frac{\partial u_3}{\partial \zeta} - \frac{\partial \xi}{\partial z} \frac{\partial u_2}{\partial \xi} - \frac{\partial \eta}{\partial z} \frac{\partial u_2}{\partial \eta} - \frac{\partial \zeta}{\partial z} \frac{\partial u_2}{\partial \zeta} \right) \boldsymbol{i}$$
$$+ \left(\frac{\partial \xi}{\partial z} \frac{\partial u_1}{\partial \xi} + \frac{\partial \eta}{\partial z} \frac{\partial u_1}{\partial \eta} + \frac{\partial \zeta}{\partial z} \frac{\partial u_1}{\partial \zeta} - \frac{\partial \xi}{\partial x} \frac{\partial u_3}{\partial \xi} - \frac{\partial \eta}{\partial x} \frac{\partial u_3}{\partial \eta} - \frac{\partial \zeta}{\partial x} \frac{\partial u_3}{\partial \zeta} \right) \boldsymbol{j}$$
$$+ \left(\frac{\partial \xi}{\partial x} \frac{\partial u_2}{\partial \xi} + \frac{\partial \eta}{\partial x} \frac{\partial u_2}{\partial \eta} + \frac{\partial \zeta}{\partial x} \frac{\partial u_2}{\partial \zeta} - \frac{\partial \xi}{\partial y} \frac{\partial u_1}{\partial \xi} - \frac{\partial \eta}{\partial y} \frac{\partial u_1}{\partial \eta} - \frac{\partial \zeta}{\partial y} \frac{\partial u_1}{\partial \zeta} \right) \boldsymbol{k} \tag{5.49}$$

ただし，$\boldsymbol{u} = (u_1, u_2, u_3)$ であり，$\boldsymbol{i}, \boldsymbol{j}, \boldsymbol{k}$ は x, y, z 方向の単位ベクトルである．

2 階微分も同様にすれば導けるが式はかなり複雑になる．ここでは，実用上重要なラプラス演算子の表式を記しておく．

$$\Delta u = C_1 \frac{\partial^2 u}{\partial \xi^2} + C_2 \frac{\partial^2 u}{\partial \eta^2} + C_3 \frac{\partial^2 u}{\partial \zeta^2}$$
$$+ C_4 \frac{\partial^2 u}{\partial \xi \partial \eta} + C_5 \frac{\partial^2 u}{\partial \eta \partial \zeta} + C_6 \frac{\partial^2 u}{\partial \zeta \partial \xi} + C_7 \frac{\partial u}{\partial \xi} + C_8 \frac{\partial u}{\partial \eta} + C_9 \frac{\partial u}{\partial \zeta} \tag{5.50}$$

ただし，$C_1 \sim C_9$ は以下のように定義される：

$$C_1 = \left(\frac{\partial \xi}{\partial x} \right)^2 + \left(\frac{\partial \xi}{\partial y} \right)^2 + \left(\frac{\partial \xi}{\partial z} \right)^2$$
$$C_2 = \left(\frac{\partial \eta}{\partial x} \right)^2 + \left(\frac{\partial \eta}{\partial y} \right)^2 + \left(\frac{\partial \eta}{\partial z} \right)^2$$

$$C_3 = \left(\frac{\partial \zeta}{\partial x}\right)^2 + \left(\frac{\partial \zeta}{\partial y}\right)^2 + \left(\frac{\partial \zeta}{\partial z}\right)^2$$

$$C_4 = 2\left(\frac{\partial \xi}{\partial x}\frac{\partial \eta}{\partial x} + \frac{\partial \xi}{\partial y}\frac{\partial \eta}{\partial y} + \frac{\partial \xi}{\partial z}\frac{\partial \eta}{\partial z}\right)$$

$$C_5 = 2\left(\frac{\partial \eta}{\partial x}\frac{\partial \zeta}{\partial x} + \frac{\partial \eta}{\partial y}\frac{\partial \zeta}{\partial y} + \frac{\partial \eta}{\partial z}\frac{\partial \zeta}{\partial z}\right)$$

$$C_6 = 2\left(\frac{\partial \zeta}{\partial x}\frac{\partial \xi}{\partial x} + \frac{\partial \zeta}{\partial y}\frac{\partial \xi}{\partial y} + \frac{\partial \zeta}{\partial z}\frac{\partial \xi}{\partial z}\right)$$

$$\begin{aligned}C_7 &= \frac{\partial^2 \xi}{\partial x^2} + \frac{\partial^2 \xi}{\partial y^2} + \frac{\partial^2 \xi}{\partial z^2} \\ &= \frac{\partial \xi}{\partial x}\frac{\partial}{\partial \xi}\left(\frac{\partial \xi}{\partial x}\right) + \frac{\partial \eta}{\partial x}\frac{\partial}{\partial \eta}\left(\frac{\partial \xi}{\partial x}\right) + \frac{\partial \zeta}{\partial x}\frac{\partial}{\partial \zeta}\left(\frac{\partial \xi}{\partial x}\right) \\ &+ \frac{\partial \xi}{\partial y}\frac{\partial}{\partial \xi}\left(\frac{\partial \xi}{\partial y}\right) + \frac{\partial \eta}{\partial y}\frac{\partial}{\partial \eta}\left(\frac{\partial \xi}{\partial y}\right) + \frac{\partial \zeta}{\partial y}\frac{\partial}{\partial \zeta}\left(\frac{\partial \xi}{\partial y}\right) \\ &+ \frac{\partial \xi}{\partial z}\frac{\partial}{\partial \xi}\left(\frac{\partial \xi}{\partial z}\right) + \frac{\partial \eta}{\partial z}\frac{\partial}{\partial \eta}\left(\frac{\partial \xi}{\partial z}\right) + \frac{\partial \zeta}{\partial z}\frac{\partial}{\partial \zeta}\left(\frac{\partial \xi}{\partial z}\right)\end{aligned}$$

$$\begin{aligned}C_8 &= \frac{\partial^2 \eta}{\partial x^2} + \frac{\partial^2 \eta}{\partial y^2} + \frac{\partial^2 \eta}{\partial z^2} \\ &= \frac{\partial \xi}{\partial x}\frac{\partial}{\partial \xi}\left(\frac{\partial \eta}{\partial x}\right) + \frac{\partial \eta}{\partial x}\frac{\partial}{\partial \eta}\left(\frac{\partial \eta}{\partial x}\right) + \frac{\partial \zeta}{\partial x}\frac{\partial}{\partial \zeta}\left(\frac{\partial \eta}{\partial x}\right) \\ &+ \frac{\partial \xi}{\partial y}\frac{\partial}{\partial \xi}\left(\frac{\partial \eta}{\partial y}\right) + \frac{\partial \eta}{\partial y}\frac{\partial}{\partial \eta}\left(\frac{\partial \eta}{\partial y}\right) + \frac{\partial \zeta}{\partial y}\frac{\partial}{\partial \zeta}\left(\frac{\partial \eta}{\partial y}\right) \\ &+ \frac{\partial \xi}{\partial z}\frac{\partial}{\partial \xi}\left(\frac{\partial \eta}{\partial z}\right) + \frac{\partial \eta}{\partial z}\frac{\partial}{\partial \eta}\left(\frac{\partial \eta}{\partial z}\right) + \frac{\partial \zeta}{\partial z}\frac{\partial}{\partial \zeta}\left(\frac{\partial \eta}{\partial z}\right)\end{aligned}$$

$$\begin{aligned}C_9 &= \frac{\partial^2 \zeta}{\partial x^2} + \frac{\partial^2 \zeta}{\partial y^2} + \frac{\partial^2 \zeta}{\partial z^2} \\ &= \frac{\partial \xi}{\partial x}\frac{\partial}{\partial \xi}\left(\frac{\partial \zeta}{\partial x}\right) + \frac{\partial \eta}{\partial x}\frac{\partial}{\partial \eta}\left(\frac{\partial \zeta}{\partial x}\right) + \frac{\partial \zeta}{\partial x}\frac{\partial}{\partial \zeta}\left(\frac{\partial \zeta}{\partial x}\right) \\ &+ \frac{\partial \xi}{\partial y}\frac{\partial}{\partial \xi}\left(\frac{\partial \zeta}{\partial y}\right) + \frac{\partial \eta}{\partial y}\frac{\partial}{\partial \eta}\left(\frac{\partial \zeta}{\partial y}\right) + \frac{\partial \zeta}{\partial y}\frac{\partial}{\partial \zeta}\left(\frac{\partial \zeta}{\partial y}\right) \\ &+ \frac{\partial \xi}{\partial z}\frac{\partial}{\partial \xi}\left(\frac{\partial \zeta}{\partial z}\right) + \frac{\partial \eta}{\partial z}\frac{\partial}{\partial \eta}\left(\frac{\partial \zeta}{\partial z}\right) + \frac{\partial \zeta}{\partial z}\frac{\partial}{\partial \zeta}\left(\frac{\partial \zeta}{\partial z}\right)\end{aligned}$$

第 5 章の章末問題

問 1 式 (5.1), (5.2) の右辺がそれぞれ 1 階微分と 2 階微分の近似になっていることを示せ．

問 2 次式を利用して 2 次元の座標変換の公式を導け．
$$\begin{bmatrix} d\xi \\ d\eta \end{bmatrix} = \begin{bmatrix} \xi_x & \xi_y \\ \eta_x & \eta_y \end{bmatrix} \begin{bmatrix} dx \\ dy \end{bmatrix}$$
$$\begin{bmatrix} dx \\ dy \end{bmatrix} = \begin{bmatrix} x_\xi & x_\eta \\ y_\xi & y_\eta \end{bmatrix} \begin{bmatrix} d\xi \\ d\eta \end{bmatrix}$$

問 3 平面極座標に対して式 (5.34), (5.24) の α, β, γ, J を計算し，Δf（式 (5.33) 参照）の表式を求めよ．

第6章
差分法の流体力学への応用

本書の主題である偏微分方程式のシミュレーションの適用例として，本章では流体力学への応用について説明する．流体力学では流体（気体と液体の総称であり，固体と違って与えられた力によって自由に変形する物質）の力学的な性質を明らかにすることにより，流体が物体に及ぼす力を求めたり，流体によってどれだけの物理量（熱や質量等）が輸送されるかを見積ったりする．流体力学の応用分野は，機械，航空，船舶，土木，建築，化学工学等の工学の各分野のみならず物理学，気象学，海洋学や環境科学など広く自然科学全般にわたっている．

●本章の内容●
流体力学の基礎方程式
非圧縮性ナヴィエ-ストークス方程式の解法1
非圧縮性ナヴィエ-ストークス方程式の解法2

6.1 流体力学の基礎方程式

流体の運動を記述するための基本的な変数として，運動学的な量である速度がある．これはベクトル量で 3 次元の場合，3 成分をもつ．その他に熱力学的な量として，圧力，密度，温度，エントロピー，… 等がある．しかし熱力学によれば，これらのうち独立な量は 2 つ（たとえば圧力と密度）であり，他の量はこれら 2 つの量を用いて表すことができる．そこで流体の 3 次元運動では未知量は 5 つになる．一方，流体はニュートン力学および熱力学の法則に従う物理系であるため，質量，運動量，エネルギーの各**保存則**が成り立つ．運動量はベクトル量で 3 次元の場合 3 つの式になることに注意すれば，式の数は合計 5 つである．したがって，原理的には各保存則を式で表せば，流体の基礎方程式を導くことができる．ただし，ρ が一定であったり，ρ が p だけの関数

$$\rho = f(p) \tag{6.1}$$

の場合，特別な外力を考えなければ質量と運動量の保存則を表す式だけで方程式が閉じる．このとき未知数は圧力と運動量の 3 成分で合計 4 つになる．

(a) 質量保存則

はじめに流体の**質量保存則**を表す方程式を導いてみよう．ただし，簡単のために 2 次元で議論する．

図 6.1 に示すように流体中に微小な長方形領域を考える．長方形の各辺の長さを $\Delta x, \Delta y$ とし，長方形の中心の座標を (x, y) とする．このとき，図に示す x 軸に垂直な辺 AB を通って Δt 間に領域内に流れ込む流体の質量は，x 方向の速度成分を u，流体の密度を ρ とすれば

$$\begin{aligned}
&(u(x - \Delta x/2, y, t)\Delta t) \times \Delta y \times \rho(x - \Delta x/2, y, t) \\
&= \rho(x - \Delta x/2, y, t) u(x - \Delta x/2, y, t) \Delta y \Delta t
\end{aligned} \tag{6.2}$$

となる．なぜなら，$u(x-\Delta x/2, y, t)\Delta t$ は辺 AB の中点にあった流体が x 方向に Δt 間に移動する距離であり，それに辺 AB の長さ Δy を掛けたものが，Δt 間に辺 AB を通り過ぎる体積（奥行き方向の長さは 1 と考える）になり，さらに密度を掛ければ質量になるからである．同様に，図の辺 CD を通って Δt 間に領域外に流出する質量は，式 (6.2) の $x - \Delta x/2$ を $x + \Delta x/2$ で置き換えれ

6.1 流体力学の基礎方程式

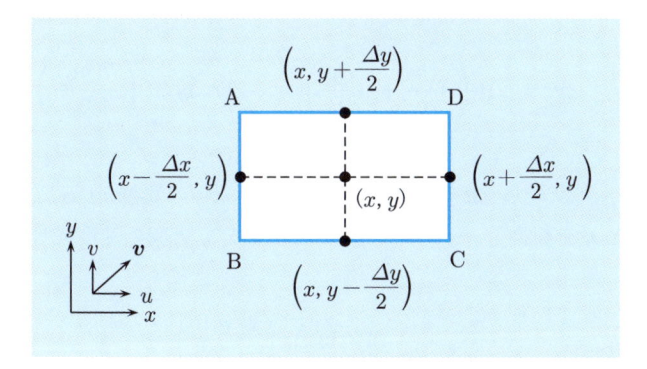

図 6.1 流体内の微小領域

ば得られるため

$$\rho(x + \Delta x/2, y, t)u(x + \Delta x/2, y, t)\Delta y \Delta t \tag{6.3}$$

となる．したがって，Δt 間に x 方向から長方形領域に流入する正味の質量 m_x は式 (6.2) から式 (6.3) を引いて

$$m_x = \Delta y \Delta t \{\rho(x - \Delta x/2, y, t)u(x - \Delta x/2, y, t) \\ - \rho(x + \Delta x/2, y, t)u(x + \Delta x/2, y, t)\}$$

となる．ここでテイラー展開の公式

$$f(x \pm h) = f(x) \pm h\frac{\partial f}{\partial x} + \frac{h^2}{2!}\frac{\partial^2 f}{\partial x^2} \pm \frac{h^3}{3!}\frac{\partial^3 f}{\partial x^3} + \cdots \tag{6.4}$$

において f を ρ または u, h を $\Delta x/2$ とみなし，Δx は微小なので，Δx の 1 次の項だけを残すと

$$\rho(x - \Delta x/2, y, t)u(x - \Delta x/2, y, t) \\ \fallingdotseq \left(\rho(x, y, z, t) - \frac{\Delta x}{2}\frac{\partial \rho}{\partial x}\right)\left(u(x, y, t) - \frac{\Delta x}{2}\frac{\partial u}{\partial x}\right) \\ = \rho u - \frac{u\Delta x}{2}\frac{\partial \rho}{\partial x} - \frac{\rho \Delta x}{2}\frac{\partial u}{\partial x}$$

となる．同様に

$$\rho(x + \Delta x/2, y, t)u(x + \Delta x/2, y, t) \fallingdotseq \rho u + \frac{u\Delta x}{2}\frac{\partial \rho}{\partial x} + \frac{\rho \Delta x}{2}\frac{\partial u}{\partial x}$$

であるから

$$m_x \fallingdotseq -\Delta x \Delta y \Delta t \left(\rho \frac{\partial u}{\partial x} + u \frac{\partial \rho}{\partial x}\right) = -\Delta x \Delta y \Delta t \left(\frac{\partial(\rho u)}{\partial x}\right) \tag{6.5}$$

となる.

長方形に y 方向から Δt 間に流入する正味の流体の質量 m_y は,式 (6.5) において,x と y を交換し,x 方向の速度成分 u を y 方向の速度成分 v とみなせばよいから

$$m_y \fallingdotseq -\Delta y \Delta x \Delta t \left(\frac{\partial(\rho v)}{\partial y}\right) \tag{6.6}$$

となる.

質量保存則から,長方形の正味の質量増加である式 (6.5), (6.6) の和が,長方形の Δt 間の密度増加による質量(= 密度 × 体積)の増加

$$\rho(x, y, t + \Delta t)\Delta x \Delta y - \rho(x, y, t)\Delta x \Delta y$$
$$\fallingdotseq \left(\rho + \frac{\partial \rho}{\partial t}\Delta t - \rho\right)\Delta x \Delta y = \frac{\partial \rho}{\partial t}\Delta x \Delta y \Delta t \tag{6.7}$$

に等しくなる.したがって,式 (6.5), (6.6), (6.7) より質量保存則を表す式として

$$\frac{\partial \rho}{\partial t}\Delta x \Delta y \Delta t = m_x + m_y$$
$$= -\left(\frac{\partial(\rho u)}{\partial x} + \frac{\partial(\rho v)}{\partial y}\right)\Delta x \Delta y \Delta t$$

すなわち,

$$\frac{\partial \rho}{\partial t} + \frac{\partial(\rho u)}{\partial x} + \frac{\partial(\rho v)}{\partial y} = 0 \tag{6.8}$$

という式が得られる.式 (6.8) を**連続の式**とよんでいる.

式 (6.8) から

$$\left(\frac{\partial \rho}{\partial t} + u\frac{\partial \rho}{\partial x} + v\frac{\partial \rho}{\partial y}\right) + \rho\left(\frac{\partial u}{\partial x} + \frac{\partial v}{\partial y}\right) = 0$$

が得られるため,もし

6.1 流体力学の基礎方程式

$$\frac{\partial \rho}{\partial t} + u\frac{\partial \rho}{\partial x} + v\frac{\partial \rho}{\partial y} = 0 \tag{6.9}$$

が成り立てば，連続の式は

$$\frac{\partial u}{\partial x} + \frac{\partial v}{\partial y} = 0 \tag{6.10}$$

と簡単化される．式 (6.9) を**非圧縮性の条件**とよび，この条件が満足される流れを**非圧縮性流れ**とよんでいる．式 (6.9) は密度が一定であれば成り立つが，密度が時間的，空間的に一定でなくても満たされる場合がある．

ベクトル形 流速はベクトル量であるため，ベクトル表記を用いると式が簡単になる．4 章で導入したナブラ演算子 ∇ を用いると，連続の式は

$$\frac{\partial \rho}{\partial t} + \nabla \cdot (\rho \boldsymbol{v}) = 0 \tag{6.11}$$

$$\nabla \cdot \boldsymbol{v} = 0 \quad （非圧縮性の場合） \tag{6.12}$$

となる．この形の式は 3 次元にも使える．

(b) 運動量保存則

流体の状態を指定する重要な量に**圧力**がある．たとえば，流体内におかれた物体に働く力を見積る場合，流体から物体に働く圧力を求める必要がある．圧力を考える場合，いままで考えなかった運動量の保存を考慮する必要がある．

質量保存則の場合と同じように流体内に，座標軸に平行な辺をもつ微小な長方形を考える（図 6.1）．**運動量保存則**は，この長方形に対して

「長方形内の Δt 間の運動量の変化はこの長方形に働く力と Δt の積（力積）に等しい」

と表される．運動量および力はベクトル量なので，ここでは x 方向に対して運動量の保存を考える．もちろん y 方向に対しても同様の議論が成り立つ．

はじめに Δt 間の長方形内の運動量の変化について考えてみよう．運動量は質量に速度を掛けたものなので，密度 × 体積 × 速度である．そこで，長方形内にある流体の運動量の Δt 間の変化は

$$\rho(x, y, t + \Delta t)(\Delta x \Delta y)u(x, y, t + \Delta t) - \rho(x, y, t)(\Delta x \Delta y)u(x, y, t)$$

となる．テイラー展開して Δt の 1 次の項まで残せば

$$
\text{与式} = \left\{ \left(\rho + \Delta t \frac{\partial \rho}{\partial t} + \cdots \right) \left(u + \Delta t \frac{\partial u}{\partial t} + \cdots \right) - \rho u \right\} \Delta x \Delta y
$$

$$
= \left(\rho \frac{\partial u}{\partial t} + u \frac{\partial \rho}{\partial t} \right) \Delta t \Delta x \Delta y = \frac{\partial (\rho u)}{\partial t} \Delta t \Delta x \Delta y \tag{6.13}
$$

となる．運動量の変化は上述のとおり力積によってもたらされるが，それ以外に流体は流れることにより領域内に運動量を運ぶということも考慮しなければならない．図 6.1 の辺 AB をとおして Δt 間に流入する x 方向の運動量は，

密度 × x 方向の流入体積 × x 方向速度

$$
= \rho \left(x - \frac{\Delta x}{2}, y, t \right) \left\{ u \left(x - \frac{\Delta x}{2}, y, t \right) \Delta t \Delta y \right\} u \left(x - \frac{\Delta x}{2}, y, t \right)
$$

となる．同様に CD をとおして Δt 間に流出する x 方向の運動量は

$$
\rho \left(x + \frac{\Delta x}{2}, y, t \right) \left\{ u \left(x + \frac{\Delta x}{2}, y, t \right) \Delta t \Delta y \right\} u \left(x + \frac{\Delta x}{2}, y, t \right)
$$

である．質量保存の場合と異なるところは，x 方向の運動量は辺 BC や辺 AD からも流入，流出する点である．すなわち，辺 BC をとおして Δt 間に流入する x 方向の運動量は

密度 × y 方向の流入体積 × x 方向速度

$$
= \rho \left(x, y - \frac{\Delta y}{2}, t \right) \left\{ v \left(x, y - \frac{\Delta y}{2}, t \right) \Delta t \Delta x \right\} u \left(x, y - \frac{\Delta y}{2}, t \right)
$$

であり，辺 AD をとおして Δt 間に流出する x 方向の運動量は

$$
\rho \left(x, y + \frac{\Delta y}{2}, t \right) \left\{ v \left(x, y + \frac{\Delta y}{2}, t \right) \Delta t \Delta x \right\} u \left(x, y + \frac{\Delta y}{2}, t \right)
$$

となる．x および y 方向の流入量から流出量を引いてそれらを加えると流体によって長方形内にもち込まれる正味の運動量が求まる．前と同様にテイラー展開して ρ, u, v に対して Δx と Δy の 1 次の項まで残すと

$$
- \left(\frac{\partial (\rho u^2)}{\partial x} + \frac{\partial (\rho u v)}{\partial y} \right) \Delta x \Delta y \Delta t \tag{6.14}
$$

となる．

次に長方形部分に働く力について考えよう．この力は 2 種類に分けられる．1 つは表面をとおして働く力であり，もう 1 つは内部の実質部分に働く力である．

6.1 流体力学の基礎方程式

前者を**面積力**とよび,流体では圧力と**粘性力**がある.ただし,**完全流体**(粘性を無視した仮想的な流体)では粘性を考えないため圧力だけである.後者は**体積力**とよばれ,重力や浮力,また回転系ではコリオリ力なども含まれる.

圧力とは面に垂直に働く単位面積当たりの力(押す方向を正にとる)を指す.これは場所(と時間)の関数であるため,$p(x, y, t)$ と記すことにする.微小長方形に働く x 方向の正味の面積力は,辺 AB に働く圧力に辺 AB の長さ Δy を掛けたもの(奥行き方向の長さを 1 と考える)から,辺 CD に働く圧力に辺 CD の長さ Δy を掛けたものを引いたものである.前と同様に p をテイラー展開して Δx の 1 次の項だけを残せば

$$\text{面積力} = p\left(x - \frac{\Delta x}{2}, y, t\right)\Delta y - p\left(x + \frac{\Delta x}{2}, y, t\right)\Delta y$$
$$\fallingdotseq -\frac{\partial p}{\partial x}\Delta x \Delta y \tag{6.15}$$

となる.

体積力に関しては,考える問題によっていろいろな場合が考えられるため,単位質量あたりの体積力を $\boldsymbol{F}$,その x 成分を F_x と記すことにする.したがって,長方形に働く x 方向の体積力は

$$\text{体積力} = F_x \rho \Delta x \Delta y \tag{6.16}$$

である.式 (6.15), (6.16) から,長方形部分に Δt 間に働く力積は

$$\left(-\frac{\partial p}{\partial x} + \rho F_x\right)\Delta x \Delta y \Delta t \tag{6.17}$$

となる.式 (6.13), (6.14), (6.17) から x 方向の運動量保存を表す式として

$$\frac{\partial(\rho u)}{\partial t} = -\frac{\partial(\rho u^2)}{\partial x} - \frac{\partial(\rho uv)}{\partial y} - \frac{\partial p}{\partial x} + \rho F_x \tag{6.18}$$

が得られる.一方,

$$\frac{\partial(\rho u)}{\partial t} + \frac{\partial(\rho u^2)}{\partial x} + \frac{\partial(\rho uv)}{\partial y}$$
$$= u\left(\frac{\partial \rho}{\partial t} + \frac{\partial(\rho u)}{\partial x} + \frac{\partial(\rho v)}{\partial y}\right) + \rho\left(\frac{\partial u}{\partial t} + u\frac{\partial u}{\partial x} + v\frac{\partial u}{\partial y}\right)$$

が成り立ち,しかも右辺のはじめの括弧内は連続の式から 0 になる.このことを考慮すれば,式 (6.18) は簡略化されて,

$$\frac{\partial u}{\partial t} + u\frac{\partial u}{\partial x} + v\frac{\partial u}{\partial y} = -\frac{1}{\rho}\frac{\partial p}{\partial x} + F_x \tag{6.19}$$

と書ける．

y 方向に対する運動量保存を表す式も同様にして導ける[†]．結果だけ記すと

$$\frac{\partial v}{\partial t} + u\frac{\partial v}{\partial x} + v\frac{\partial v}{\partial y} = -\frac{1}{\rho}\frac{\partial p}{\partial y} + F_y \tag{6.20}$$

となる．

式 (6.19), (6.20) は完全流体の運動量保存則を表す方程式で**オイラー方程式**とよばれる．なお，オイラー方程式はベクトル形で

$$\frac{\partial \boldsymbol{v}}{\partial t} + (\boldsymbol{v}\cdot\nabla)\boldsymbol{v} = -\frac{1}{\rho}\nabla p + \boldsymbol{F} \tag{6.21}$$

書かれる．ここで演算子 $\boldsymbol{v}\cdot\nabla$ は

$$\boldsymbol{v}\cdot\nabla = (u\boldsymbol{i} + v\boldsymbol{j})\cdot\left(\boldsymbol{i}\frac{\partial}{\partial x} + \boldsymbol{j}\frac{\partial}{\partial y}\right) = u\frac{\partial}{\partial x} + v\frac{\partial}{\partial y} \tag{6.22}$$

で定義される[††]．

(c) ナヴィエ-ストークス方程式

次に粘性流体に対する基礎方程式を導いておこう．図 6.1 において，完全流体と異なるところは，各面に働く力として圧力だけではなく，粘性による応力(**粘性応力**)も加えなければならない点である．いま圧力も含めたそれらの応力を表すため，

$$\tau_{xx}, \ \tau_{yx}, \ \tau_{xy}, \ \tau_{yy}$$

という記号を用いる．ここで第 2 番目の添え字は，その添え字に垂直な面に対する応力であることを示す．また第 1 番目の添え字はその方向の力であることを意味する（図 6.2）．たとえば，τ_{xx}, τ_{yx} はそれぞれ x 軸に垂直な面に対する応力の x, y 成分を意味する．このとき，流体の x 方向の運動量変化に寄与する面

[†] 簡単には連続の式 (6.8) を導くところでも行ったが，式 (6.19) において x と y および u と v の役割を交換すればよい．

[††] 3 次元では

$$\boldsymbol{v}\cdot\nabla = u\frac{\partial}{\partial x} + v\frac{\partial}{\partial y} + w\frac{\partial}{\partial z} \tag{6.23}$$

のようになる．

6.1 流体力学の基礎方程式

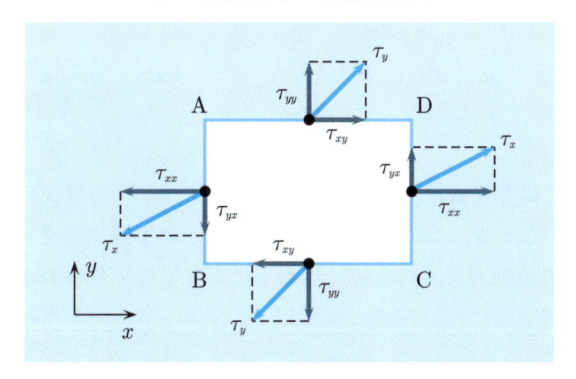

図 6.2 応力

積力を単位質量あたりに換算して T_x と記せば，T_x に微小領域の質量 $\rho \Delta x \Delta y$ を掛けたものは，辺 AB と CD における τ_{xx} の差および辺 BC と AD における τ_{xy} の差にそれぞれの辺の長さ（奥行き方向の長さを 1 と考える）を掛けたものの和と等しくなるから

$$\rho T_x \Delta x \Delta y = \left(\frac{\partial \tau_{xx}}{\partial x} + \frac{\partial \tau_{xy}}{\partial y} \right) \Delta x \Delta y \tag{6.24}$$

となる．同様に y 方向の運動量の変化に寄与する単位質量当たりの力 T_y に対して

$$\rho T_y \Delta x \Delta y = \left(\frac{\partial \tau_{yx}}{\partial x} + \frac{\partial \tau_{yy}}{\partial y} \right) \Delta x \Delta y \tag{6.25}$$

が成り立つ．

通常の流体（ニュートン流体）に対して以下の関係が成り立つことが知られている[†]．

$$\begin{aligned}
\tau_{xx} &= -p + 2\mu \frac{\partial u}{\partial x} \\
\tau_{yy} &= -p + 2\mu \frac{\partial v}{\partial y} \\
\tau_{xy} &= \tau_{yx} = \mu \left(\frac{\partial v}{\partial x} + \frac{\partial u}{\partial y} \right)
\end{aligned} \tag{6.26}$$

ただし，μ は**粘性率**である．これらを式 (6.24), (6.25) に代入して連続の式

[†] ニュートン流体とは変形速度と応力が比例関係にある流体で日常目にする流体のほとんどが該当する．なお式 (6.26) の導出は流体力学のテキストを参照のこと．

(6.10) を考慮すれば,

$$T_x = -\frac{1}{\rho}\frac{\partial p}{\partial x} + \frac{\mu}{\rho}\left(\frac{\partial^2 u}{\partial x^2} + \frac{\partial^2 u}{\partial y^2}\right), \quad T_y = -\frac{1}{\rho}\frac{\partial p}{\partial y} + \frac{\mu}{\rho}\left(\frac{\partial^2 v}{\partial x^2} + \frac{\partial^2 v}{\partial y^2}\right)$$

となる.

　粘性流体の基礎方程式は完全流体の方程式（オイラー方程式）と比べて，圧力以外に粘性力として，上式の第 1 式の第 2 項と第 2 式の第 2 項がそれぞれ x および y 方向の運動方程式の右辺に加わることになり，以下のようになる．

$$\frac{\partial u}{\partial t} + u\frac{\partial u}{\partial x} + v\frac{\partial u}{\partial y} = -\frac{1}{\rho}\frac{\partial p}{\partial x} + \frac{\mu}{\rho}\left(\frac{\partial^2 u}{\partial x^2} + \frac{\partial^2 u}{\partial y^2}\right) + F_x \tag{6.27}$$

$$\frac{\partial v}{\partial t} + u\frac{\partial v}{\partial x} + v\frac{\partial v}{\partial y} = -\frac{1}{\rho}\frac{\partial p}{\partial y} + \frac{\mu}{\rho}\left(\frac{\partial^2 v}{\partial x^2} + \frac{\partial^2 v}{\partial y^2}\right) + F_y \tag{6.28}$$

これらの式は**ナヴィエ–ストークスの方程式**とよばれている．ナヴィエ–ストークスの方程式はベクトル形（3 次元でも使える）では

$$\frac{\partial \boldsymbol{v}}{\partial t} + (\boldsymbol{v}\cdot\nabla)\boldsymbol{v} = -\frac{1}{\rho}\nabla p + \frac{\mu}{\rho}\Delta\boldsymbol{v} + \boldsymbol{F} \tag{6.29}$$

と書くこともできる．この方程式を連続の式 (6.12) と連立させて解けば非圧縮性粘性流体の運動が定まる．

（d）熱流体の方程式

　流体の運動で熱が関係する場合には，温度に対する方程式が新たに加わるとともに，運動方程式にも熱による外力の項が加わる．このうち温度に対する方程式は微小領域に**エネルギー保存則**を適用することにより導ける．しかし，導出が長くなるため，ここでは温度という物理量が拡散しながら流れによって運ばれるという事実に着目する．このことを式で表すと，2 次元の場合には，温度を T として

$$\frac{\partial T}{\partial t} + u\frac{\partial T}{\partial x} + v\frac{\partial T}{\partial y} = a^2\left(\frac{\partial^2 T}{\partial x^2} + \frac{\partial^2 T}{\partial y^2}\right) \tag{6.30}$$

と書ける．ここで，定数 a^2 は温度の拡散を表す熱拡散率である．式 (6.30) において，$a^2 = 0$ であれば 2 次元移流方程式になるため，温度は拡散を受けずに流速 (u, v) によって移流することを表し，また $(u, v) = (0, 0)$ であれば拡散方

程式になるため，温度は移流せずに拡散（熱伝導）することを表す．実際には両方の効果があるため，式 (6.30) の形になる．

式 (6.30) はベクトル形では

$$\frac{\partial T}{\partial t} + (\boldsymbol{v} \cdot \nabla)T = a^2 \Delta T \tag{6.31}$$

と書けるが，これは3次元でも使える式である．なお，前述のとおり式 (6.31) はエネルギー保存則をもとにしても導ける．

次に運動方程式が温度を考慮した場合にどう変化するかを調べてみよう．このとき外力として現れるのが重力である．しかし，流体が静止状態にあるときには重力は圧力と釣り合うため，密度が一定（$=\rho_0$）の流体では重力は流体の運動には寄与しない．このことは，ナヴィエ-ストークス方程式において，重力の方向を y 軸の下方に選んだとき，外力項として $F_y = -g$ が加わるが，これはナヴィエ-ストークス方程式の p のかわりに $p + \rho_0 gy$ とおいて $F_y = 0$ とした方程式と同じになることからも理解される．すなわち，非圧縮性流れでは，重力は単に y 方向の圧力を変化させるという効果しかもたない．

一方，密度が変化するような流体では重力の効果は**浮力**として現れ，y 方向の運動を引き起こす．この場合，運動の原因になるのは基準密度 ρ_0 からずれ，すなわち $\rho - \rho_0$ である．このことは，y 方向の運動方程式が

$$\rho \left(\frac{\partial v}{\partial t} + u \frac{\partial v}{\partial x} + v \frac{\partial v}{\partial y} \right) = -\frac{\partial}{\partial y}(p + \rho_0 gy) + \mu \Delta v - (\rho - \rho_0)g$$

と書けることからもわかる．密度変化はふつう温度変化によってもたらされ

$$\rho - \rho_0 = -\rho \beta (T - T_0) \tag{6.32}$$

という関係がある．ここで，T_0 は ρ_0 に対応する基準温度，β は**体積膨張率**である．したがって，y 方向の運動方程式は

$$\frac{\partial v}{\partial t} + u \frac{\partial v}{\partial x} + v \frac{\partial v}{\partial y} = -\frac{1}{\rho} \frac{\partial \overline{p}}{\partial y} + \frac{\mu}{\rho} \Delta v + \beta g (T - T_0) \tag{6.33}$$

となる．ただし $\overline{p} = p + \rho_0 gy$ とおいた．

式 (6.33) において，T を変数，ρ を定数とみなす近似を**ブジネスク近似**という．したがって，ブジネスク近似を用いる場合の運動方程式は非圧縮性のナヴィエ-ストークス方程式に外力として温度の項が付け加わったものになる．ブジ

ネスク近似は，流れに対する密度変化の影響が浮力をとおしてのみ現れるという物理的な意味をもっており，温度差があまり大きくない流れ（およそ温度差が 30°C 以下）に対してはよい近似になることが知られている．

以上のことから熱流体の基礎方程式は，ブジネスク近似を用いた場合，連続の式 (6.8)，運動方程式[†]

$$\frac{\partial \boldsymbol{v}}{\partial t} + (\boldsymbol{v} \cdot \nabla)\boldsymbol{v} = -\frac{1}{\rho}\nabla p + \nu \Delta \boldsymbol{v} - \beta g(T - T_0)\boldsymbol{k} \tag{6.34}$$

（$\nu = \mu/\rho$ は定数で**動粘性率**とよばれている．$\boldsymbol{k}$ は重力方向の基底ベクトルであり，また，式 (6.33) の $\overline{p}$ を p と書いている）および温度に対する方程式 (6.31) になる．このとき未知数は流速 $\boldsymbol{v}$ と圧力 p および温度 T であるため，方程式と未知数の数が一致する．

6.2 非圧縮性ナヴィエ-ストークス方程式の解法 1

流れが特定の方向に変化しない場合（例えば無限に長い円柱に，軸に垂直に流れがあたっている場合など）にはその方向に垂直な断面内では流れが同一であると考えられる．このような流れを **2 次元流れ** とよぶ．

本節および次節では 2 次元流れを考え，さらに流体の密度 ρ は 1 であると仮定する（密度は定数であれば 1 でなくてもよいが，その場合は以下の式に現れる圧力は，圧力を密度で割った p/ρ と解釈する）．このとき基礎方程式は

$$\frac{\partial u}{\partial x} + \frac{\partial v}{\partial y} = 0 \tag{6.35}$$

$$\frac{\partial u}{\partial t} + u\frac{\partial u}{\partial x} + v\frac{\partial u}{\partial y} = -\frac{\partial p}{\partial x} + \nu\left(\frac{\partial^2 u}{\partial x^2} + \frac{\partial^2 u}{\partial y^2}\right) \tag{6.36}$$

$$\frac{\partial v}{\partial t} + u\frac{\partial v}{\partial x} + v\frac{\partial v}{\partial y} = -\frac{\partial p}{\partial y} + \nu\left(\frac{\partial^2 v}{\partial x^2} + \frac{\partial^2 v}{\partial y^2}\right) \tag{6.37}$$

となる．この方程式を解く場合には圧力の取り扱いが最も重要になるが，1 つの方法として圧力を消去する方法がある．実際，式 (6.37) を x で微分した式から式 (6.36) を y で微分した式を引けば圧力は消去できる．結果は

[†] 温度 T と基準温度 T_0 との差 $T - T_0$ を新たに温度 T と見なすこともある．T_0 が定数の場合にはこのように見なしても式 (6.31) の形は変わらない．

6.2 非圧縮性ナヴィエーストークス方程式の解法 1

$$\omega = \frac{\partial v}{\partial x} - \frac{\partial u}{\partial y} \tag{6.38}$$

とおくと

$$\frac{\partial \omega}{\partial t} + u\frac{\partial \omega}{\partial x} + v\frac{\partial \omega}{\partial y} = \nu \left(\frac{\partial^2 \omega}{\partial x^2} + \frac{\partial^2 \omega}{\partial y^2} \right) \tag{6.39}$$

である．ただし，式の変形には連続の式 (6.35) を用いている．この方程式は**渦度輸送方程式**とよばれている．一方，連続の式 (6.35) から，次式を満足する ψ が存在することが証明できる．

$$u = \frac{\partial \psi}{\partial y}, \quad v = -\frac{\partial \psi}{\partial x} \tag{6.40}$$

ここで，ψ は**流れ関数**とよばれている．なお式 (6.40) が成り立つとき，これを式 (6.35) の左辺に代入すれば 0 になることはただちに確かめることができる．

流れ関数の意味　流れ関数は，その等高線（ψ = 定数を満足する曲線）が**流線**であるという物理的な意味をもっている．ただし，流線とは速度ベクトルを連ねた曲線である．したがって，流線上の任意の点における接線は速度ベクトルの方向を向いている．このことから流線を式で表せば

$$\frac{dx}{u} = \frac{dy}{v} \quad \text{または} \quad udy - vdx = 0$$

となる．上式に式 (6.40) を代入すれば，確かに

$$udy - vdx = \frac{\partial \psi}{\partial y}dy + \frac{\partial \psi}{\partial x}dx = d\psi = 0$$

となるため，$\psi = C$ が成り立つ．流線の定義から流体は流線に沿って流れ，流線を横切ることはない．

式 (6.40) を渦度輸送方程式 (6.39) および渦度の定義式 (6.38) に代入すれば

$$\frac{\partial \omega}{\partial t} + \frac{\partial \psi}{\partial y}\frac{\partial \omega}{\partial x} - \frac{\partial \psi}{\partial x}\frac{\partial \omega}{\partial y} = \nu \Delta \omega \tag{6.41}$$

$$\Delta \psi = -\omega \tag{6.42}$$

という方程式系が得られる．未知関数は ψ と ω であり，方程式が 2 つあるため，ψ と ω の初期条件，境界条件を与えて解くことができる．式 (6.41), (6.42) を基礎方程式に用いる方法を**流れ関数－渦度法**とよんでいる．

流れ関数-渦度法は，適用が 2 次元問題に限られるが，連続の式 (6.35) が厳密に満足されること，さらにすぐ後に述べるようにポアソン方程式 (6.42) の境界条件には ψ の値が境界において指定される条件（**ディリクレ条件**）が課されることが多く，反復法で解く場合に収束が速いという利点がある．そのため，非圧縮性流れの解析にしばしば用いられる方法になっている．

境界条件　壁面における境界条件は，粘性をもつ流れの場合には，流体が壁面に付着するという**粘着条件**が課される．すなわち，壁面と流体とは相対速度をもたない．いま壁面を x 軸にとると，粘着条件は

$$u = U, \quad v = 0$$

となる．ここで U は壁面の動く速さである．この条件を流れ関数の条件に読みかえると，流れ関数の定義から

$$u = \frac{\partial \psi}{\partial y} = U, \quad v = -\frac{\partial \psi}{\partial x} = 0$$

となる．これらの式から C_1 を定数として

$$\psi = Uy + C_1 \quad (y \text{ は壁面からの距離}) \tag{6.43}$$

が得られる．したがって，壁面が静止している場合（$U = 0$）の境界条件は

$$\psi = C_1 \quad (\text{定数})$$

となる．遠方における境界条件は，遠方での速度が既知（(U, V) とする）の場合

$$u = \frac{\partial \psi}{\partial y} = U, \quad v = -\frac{\partial \psi}{\partial x} = V$$

であるから，C_2 を任意定数として

$$\psi = Uy - Vx + C_2$$

となる．なお，場合によっては ψ の微分に関する条件をそのまま差分化して用いることもある．

ω に関する境界条件を求めるには図 6.3 の点 Q における ψ の値を点 P まわりにテイラー展開する．このとき

$$\psi_Q = \psi_P + \Delta y \frac{\partial \psi_P}{\partial y} + \frac{(\Delta y)^2}{2} \frac{\partial^2 \psi_P}{\partial y^2} + O((\Delta y)^3)$$

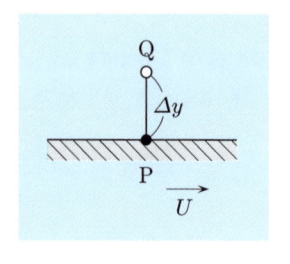

図 **6.3**　壁面上の渦度の境界条件

6.3 非圧縮性ナヴィエ-ストークス方程式の解法 2

となるが，右辺第 2 項は流れ関数の定義から U となる．一方，式 (6.42) は点 P において $\partial^2\psi/\partial x^2 = 0$ であることを考慮して

$$\frac{\partial^2 \psi_P}{\partial y^2} = -\omega_P$$

となる．以上のことから，壁面上の渦度は流れ関数の値を用いて

$$\omega_P = \frac{2}{(\Delta y)^2}((\psi_P - \psi_Q) + U\Delta y) \tag{6.44}$$

と表せる．

一般座標系を用いる場合には，方程式を変換式 (5.22), (5.23), (5.33) を使って書き換える．その結果

$$\frac{\partial \omega}{\partial t} + \frac{1}{J}\left(\frac{\partial \psi}{\partial \eta}\frac{\partial \omega}{\partial \xi} - \frac{\partial \psi}{\partial \xi}\frac{\partial \omega}{\partial \eta}\right) = \nu \Delta_{\xi\eta}\omega \tag{6.45}$$

$$\Delta_{\xi\eta}\psi = -\omega \tag{6.46}$$

となるので，これらの式を差分化して解けばよい．ただし，$\Delta_{\xi\eta}$ は一般座標で表したラプラス演算子 (5.33) である．定常解を求めるときは $\partial\omega/\partial t = 0$ とした方程式を解いてもよいが，$\partial\omega/\partial t$ を残した方程式を定常になるまで解く方法もある．

6.3 非圧縮性ナヴィエ-ストークス方程式の解法 2

本節では連続の式およびナヴィエ-ストークス方程式を速度，圧力について解く **MAC 法**とよばれる方法を紹介する．この方法は連続の式が近似的にしか満足されないという欠点があるが，3 次元問題に適用できたり，圧力に関する境界条件が課される問題に自然に適用できるなど流れ関数-渦度法にない利点も多くもつため，非圧縮性ナヴィエ-ストークス方程式を解く標準的な方法の 1 つになっている．

はじめにナビエ-ストークス方程式 (6.29)（$\rho = 1$ としている）の時間微分を前進差分で近似すれば

$$\boldsymbol{v}^{n+1} = \boldsymbol{v}^n + \Delta t \left(-(\boldsymbol{v}^n \cdot \nabla)\boldsymbol{v}^n - \nabla p^{n+1} + \nu \Delta \boldsymbol{v}^n + \boldsymbol{F}\right) \tag{6.47}$$

となる．ただし圧力は $n+1$ ステップで評価するものとする．このとき圧力は連続の式を満足するように決まるはずである．一方，近似解法では誤差は避けら

れないため，$\nabla \cdot \boldsymbol{v}^n = 0$ である（連続の式が成り立つ）とは限らない．そこで現時点 n において連続の式は満足されていなくとも，その誤差を含めて，次の時点 $n+1$ で連続の式を満足するように圧力を決定する．具体的には式 (6.47) の両辺の発散をとって（すなわち，両辺に $\nabla\cdot$ を作用させて）$\nabla \cdot \boldsymbol{v}^{n+1} = 0$ とおく．そこで，$\nabla \cdot (\nabla p^{n+1}) = \Delta p^{n+1}$ に注意すれば，p^{n+1} に対する方程式

$$\Delta p^{n+1} = \frac{\nabla \cdot \boldsymbol{v}^n}{\Delta t} - \nabla \cdot (\boldsymbol{v}^n \cdot \nabla)\boldsymbol{v}^n + \nu \Delta \nabla \cdot \boldsymbol{v}^n + \nabla \cdot \boldsymbol{F} \tag{6.48}$$

が得られる．ただし，前の議論から $\nabla \cdot \boldsymbol{v}^n$ は方程式に残している．式 (6.47) と式 (6.48) から，非圧縮性の流れを時間発展的に求める以下のようなアルゴリズムが得られる．

> (1) 初期条件 $\boldsymbol{v}^0$ を与える．$n = 0$ とする．
> (2) 境界条件を与える．
> (3) 式 (6.48) のポアソン方程式を解いて p^{n+1} を求める．
> (4) p^{n+1}, $\boldsymbol{v}^n$ を用いて式 (6.47) から $\boldsymbol{v}^{n+1}$ を求める．
> (5) 時間ステップが定められた回数 N に満たないとき $n \to n+1$ として (2) にもどる．

　MAC 法では未知変数を速度と圧力にとっているため境界条件は一般に課しやすい．なぜなら，境界条件は粘着条件（物体上で流体と物体の速度が一致する）など速度そのもので与えられることが多いからである．一方，圧力に関する境界条件は，圧力の値が与えられる場合を除いて，速度の条件と矛盾しないように（ナヴィエ–ストークス方程式などを用いて）決める必要がある．たとえば x 軸に平行な壁が一定速度 U で動いている場合（図 6.3），

$$u = U, \quad v = 0, \quad \partial v/\partial x = 0, \quad \partial^2 v/\partial x^2 = 0$$

をナヴィエ–ストークス方程式（y 成分）に代入すると

$$\frac{\partial p}{\partial y} = \nu \frac{\partial^2 v}{\partial y^2}$$

となる†．同様に壁が y 軸に平行な場合は

---

† 差分近似しているため $v = 0$, であっても $\partial y^2 v/\partial^2 = 0$ とは限らない．

6.3 非圧縮性ナヴィエ－ストークス方程式の解法 2

$$\frac{\partial p}{\partial x} = \nu \frac{\partial^2 u}{\partial x^2}$$

である．したがって，圧力に関しては微分係数に関する条件（**ノイマン条件**）になる．

MAC 法では多くの場合，流れ関数−渦度法のように格子点上にすべての未知数を配置する格子（**通常格子**とよばれる）を用いるのではなく，物理量の配置を図 6.4（2 次元の場合）のように互い違いにすることが多い（3 次元でも同様）．このような格子のことを**スタガード格子**とよぶ．スタガード格子には，連続の式が 1 つの格子セルで自然に表現され，しかも各方向の圧力勾配がその方向の速度を決めるというナヴィエ－ストークス方程式のもつ性質が自然に表現されるという利点がある．ただし，速度などの物理量が定義されていない点においてその物理量を使うことがあり，そのような場合には隣接点の平均を用いるなどの工夫が必要になる．具体的には 2 次元の場合，式 (6.47) を中心差分等を用いて近似すれば，図 6.4 を参照して

$$u_{j,k}^{n+1} = u_{j,k} + \Delta t \left\{ -u_{j,k} \frac{u_{j+1,k} - u_{j-1,k}}{2\Delta x} - \overline{v}_{j,k} \frac{u_{j,k+1} - u_{j,k-1}}{2\Delta y} \right.$$

$$\left. - \frac{p_{j,k}^{n+1} - p_{j-1,k}^{n+1}}{\Delta x} + \nu \left(\frac{u_{j-1,k} - 2u_{j,k} + u_{j+1,k}}{(\Delta x)^2} + \frac{u_{j,k-1} - 2u_{j,k} + u_{j,k+1}}{(\Delta y)^2} \right) \right\}$$

$$v_{j,k}^{n+1} = v_{j,k} + \Delta t \left\{ -\overline{u}_{j,k} \frac{v_{j+1,k} - v_{j-1,k}}{2\Delta x} - v_{j,k} \frac{v_{j,k+1} - v_{j,k-1}}{2\Delta y} \right.$$

$$\left. - \frac{p_{j,k}^{n+1} - p_{j,k-1}^{n+1}}{\Delta y} + \nu \left(\frac{v_{j-1,k} - 2v_{j,k} + v_{j+1,k}}{(\Delta x)^2} + \frac{v_{j,k-1} - 2v_{j,k} + v_{j,k+1}}{(\Delta y)^2} \right) \right\}$$

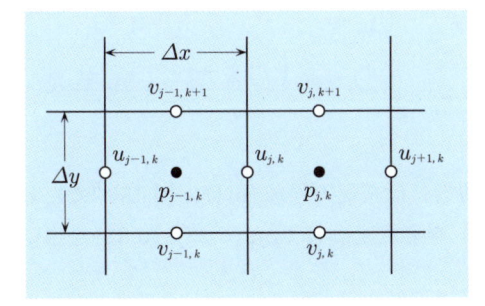

図 6.4 スタガード格子

となる．ただし外力はないとし，また上添え字 n は省略している（以下同様）．ここで $\overline{v}_{j,k}$, $\overline{u}_{j,k}$ はそれぞれ $u_{j,k}$, $v_{j,k}$ の定義点の値をとるべきなので

$$\overline{v}_{j,k} = \frac{v_{j-1,k} + v_{j,k} + v_{j-1,k+1} + v_{j,k+1}}{4}$$

$$\overline{u}_{j,k} = \frac{u_{j,k-1} + u_{j,k} + u_{j+1,k-1} + u_{j+1,k}}{4}$$

のように平均値を用いる．

圧力のポアソン方程式の右辺を計算する場合，$\nabla \cdot ((\boldsymbol{v} \cdot \nabla)\boldsymbol{v})$ の項は，展開した式をそのまま使ってもよいが，連続の式を考慮して簡単化してから計算してもよい．たとえば 2 次元の場合

$$\begin{aligned}
\nabla \cdot ((\boldsymbol{v} \cdot \nabla)\boldsymbol{v}) &= (uu_x + vu_y)_x + (uv_x + vv_y)_y \\
&= u_x^2 + uu_{xx} + v_x u_y + vu_{xy} + u_y v_x + uv_{xy} + v_y^2 + vv_{yy} \\
&= (u_x + v_y)^2 - 2u_x v_y + 2u_y v_x + u(u_x + v_y)_x + v(u_x + v_y)_y \\
&= 2(u_y v_x - u_x v_y)
\end{aligned}$$

と変形すれば，1 階微分だけの計算ですむ．ただし，この値は圧力 p の定義点における値を用いるべきであるから，u_y と v_x の計算には注意が必要である．すなわち，図 6.4 を参照して，適当に平均値を使うことにすれば

$$u_y \left(= \frac{\partial u}{\partial y} \right) = \frac{1}{\Delta y} \left(\frac{u_{j,k} + u_{j+1,k} + u_{j,k+1} + u_{j+1,k+1}}{4} \right.$$

$$\left. - \frac{u_{j,k-1} + u_{j+1,k-1} + u_{j,k} + u_{j+1,k}}{4} \right)$$

$$v_x \left(= \frac{\partial v}{\partial x} \right) = \frac{1}{\Delta x} \left(\frac{v_{j,k} + v_{j+1,k} + v_{j,k+1} + v_{j+1,k+1}}{4} \right.$$

$$\left. - \frac{v_{j-1,k} + v_{j,k} + v_{j-1,k+1} + v_{j,k+1}}{4} \right)$$

と近似できる．

一般座標で解く場合には基礎方程式 (6.47), (6.48)（ただし簡単のため $\Delta(\nabla \cdot \boldsymbol{v}) = 0$ としている）を変数変換 (5.22), (5.23), (5.33) を用いて書き換えればよい．このとき

6.3 非圧縮性ナヴィエ-ストークス方程式の解法 2

$$u^{n+1} = u + \Delta t \left\{ -\frac{1}{J}(y_\eta u - x_\eta v)u_\xi - \frac{1}{J}(x_\xi v - y_\xi u)u_\eta \right.$$
$$\left. - \frac{1}{J}(y_\eta p_\xi - y_\xi p_\eta) + \nu \Delta_{\xi\eta} u \right\} \tag{6.49}$$

$$v^{n+1} = v + \Delta t \left\{ -\frac{1}{J}(y_\eta u - x_\eta v)v_\xi - \frac{1}{J}(x_\xi v - y_\xi u)v_\eta \right.$$
$$\left. - \frac{1}{J}(x_\xi p_\eta - x_\eta p_\xi) + \nu \Delta_{\xi\eta} v \right\} \tag{6.50}$$

$$\Delta_{\xi\eta} p = \frac{1}{J\Delta t}(y_\eta u_\xi - y_\xi u_\eta + x_\xi v_\eta - x_\eta v_\xi)$$
$$- \frac{2}{J^2}((x_\xi u_\eta - x_\eta u_\xi)(y_\eta v_\xi - y_\xi v_\eta) - (y_\eta u_\xi - y_\xi u_\eta)(x_\xi v_\eta - x_\eta v_\xi)) \tag{6.51}$$

となる．これらは直角座標の場合と同じようにして解くことができる．ただし，一般座標でスタガード格子を用いる場合，格子が長方形でないため，速度や圧力の定義点をどこにとるかは必ずしも明らかでない．そこで例えば計算面（$\xi\eta$ 平面）でスタガード格子を使うか，あるいは簡単に**通常格子**（すべての物理量を同一格子点で評価する格子）で済ます場合もある．

フラクショナルステップ法 MAC 法の変形にフラクショナルステップ法がある．この方法も MAC 法とならんでよく用いられる．

はじめにナヴィエ-ストークス方程式 (6.29) の圧力項を無視した上で時間微分を前進差分で近似すれば

$$\boldsymbol{v}^* = \boldsymbol{v}^n + \Delta t \left\{ -(\boldsymbol{v}^n \cdot \nabla)\boldsymbol{v}^n + \nu \Delta \boldsymbol{v}^n \right\} \tag{6.52}$$

となる．この式を解いて得られる速度 $\boldsymbol{v}^*$ は圧力項を考慮しなかったため正しい速度ではない．これを**仮の速度**という．圧力場 p^{n+1} はこの仮の速度を用いて，ポアソン方程式

$$\Delta p^{n+1} = \frac{\nabla \cdot \boldsymbol{v}^*}{\Delta t} \tag{6.53}$$

を解くことにより求める．さらに，$n+1$ ステップの速度 $\boldsymbol{v}^{n+1}$ は仮の速度 $\boldsymbol{v}^*$ および圧力 p^{n+1} から

$$\boldsymbol{v}^{n+1} = \boldsymbol{v}^* - \nabla p^{n+1} \Delta t \tag{6.54}$$

により決める．式 (6.53), (6.54) の意味は次のとおりである．まず，式 (6.52) の $\bm{v}^*$ を式 (6.54) に代入すると，それはもとのナヴィエ-ストークス方程式を前進差分で近似した式になる．したがって，$\bm{v}^{n+1}$ は物理的な流速である．次に式 (6.54) の両辺の発散をとり，また $n+1$ ステップの流速が連続の式 $\nabla \cdot \bm{v}^{n+1} = 0$ を満たすことを用いれば式 (6.53) が得られる．

式 (6.52), (6.53), (6.54) から非圧縮性の流れを時間発展的に求める以下のようなアルゴリズムが得られる．

> (1) 初期条件 $\bm{v}^0$ を与える．$n = 0$ とする．
> (2) 境界条件を与える．
> (3) 式 (6.52) から仮の速度 $\bm{v}^*$ を求める．
> (3) 式 (6.53) のポアソン方程式を解いて p^{n+1} を求める．
> (4) p^{n+1}, $\bm{v}^*$ から式 (6.54) を用いて $\bm{v}^{n+1}$ を求める．
> (5) 時間ステップが定められた回数 N に満たないとき $n \to n+1$ として (2) にもどる．

境界条件や格子の取り方は MAC 法と同じである．

第 6 章の章末問題

問 1 流体は運動するため，流体の小部分に付随する物理量 $A(x, y, t)$ は，流速を $\bm{v} = (u, v)$ としたとき，Δt 後には $A' = A(x + u\Delta t, y + v\Delta t, t + \Delta t)$ になる．ここで，A として流速をとれば $(A' - A)/\Delta t$ は加速度を表す．このことを用いて，式 (6.19), (6.20) の左辺はそれぞれ x および y 方向の加速度を表すことを示せ．

問 2 渦度輸送方程式 (6.39) を導け

問 3 速度 $\bm{v}$ が $\bm{v} = \nabla \phi$ で与えられる流れを**ポテンシャル流れ**，ϕ を**速度ポテンシャル**という．2 次元の非圧縮性流れでは流れ関数が存在するが，さらにポテンシャル流れを仮定したとき，流れ関数 $\psi(x, y)$ を虚数部，速度ポテンシャル $\phi(x, y)$ を実数部にもつ複素関数（**複素速度ポテンシャル**）は正則になることを示せ．また正則関数

$$f(z) = ik \log z \quad (k : 実数)$$

の虚数部（流れ関数）を調べることにより，それらがどのような流れを表しているかを考えよ．

第7章
数値シミュレーションの実例

　3章から6章までが微分方程式を用いたシミュレーションの原理にあたる部分であったが，見通しをよくするため具体例については必要最低限におさえた．そこで本章では3章から6章までに述べた方法を用いて実際にシミュレーションする方法を，例をとおして説明する．はじめに常微分方程式によるシミュレーション例として，複数個の渦の運動を議論する．次に偏微分方程式によるシミュレーションの基本例題として複雑形状を含む2次元領域における熱伝導問題を順を追って説明する．さらに線形の偏微分方程式による流体解析の例として翼まわりのポテンシャル流れの取り扱い方を解説する．最後に典型的な非線形問題である粘性流体の流れに対するシミュレーション例として，長方形キャビティ内の流れと円柱まわりの流れおよび障害物のあるダクト内の流れのシミュレーションを示す．

●本章の内容●
渦の運動
2次元閉領域内における熱伝導
翼まわりのポテンシャル流れ
簡単な流れのシミュレーション

7.1 渦 の 運 動

　本項では渦の運動を考える．流体内に渦があると周囲に速度を誘起する．その速度の大きさは渦の中心からの距離に反比例し，向きは円周方向を向いている．すなわち，速度を半径方向速度 v_r と円周方向速度 v_θ に分解したとき，

$$v_r = 0, \quad v_\theta = \frac{\kappa}{r} \tag{7.1}$$

となる．ただし κ は定数で渦の強さを表し，また $\kappa > 0$ ならば反時計回り，$\kappa < 0$ ならば時計回りの流れになる．

　はじめに広い空間内にある 2 個の渦（渦 A と渦 B）の運動を考える（図 7.1）．渦 A の位置を (x_A, y_A)，渦 B の位置を (x_B, y_B) とする．いま渦 B の位置を原点にするような極座標を考えて，渦 A の位置を極座標 (r, θ) で表すと，

$$r\cos\theta = x_A - x_B, \quad r\sin\theta = y_A - y_B, \quad r = \sqrt{(x_A - x_B)^2 + (y_A - y_B)^2} \tag{7.2}$$

となる．

　極座標と (x, y) 座標の間には

$$x = r\cos\theta, \quad y = r\sin\theta \tag{7.3}$$

という関係があるため，これを t で微分すれば

$$u = \frac{dx}{dt} = \frac{dr}{dt}\cos\theta - r\sin\theta\frac{d\theta}{dt}$$
$$v = \frac{dy}{dt} = \frac{dr}{dt}\sin\theta + r\cos\theta\frac{d\theta}{dt}$$

となる．ここで

$$\frac{dr}{dt} = v_r, \quad r\frac{d\theta}{dt} = v_\theta$$

であるから，極座標の速度成分 (v_r, v_θ) と (x, y) 座標での速度成分 (u, v) の間には

$$\begin{aligned} u &= v_r \cos\theta - v_\theta \sin\theta \\ v &= v_r \sin\theta + v_\theta \cos\theta \end{aligned} \tag{7.4}$$

という関係があることがわかる．

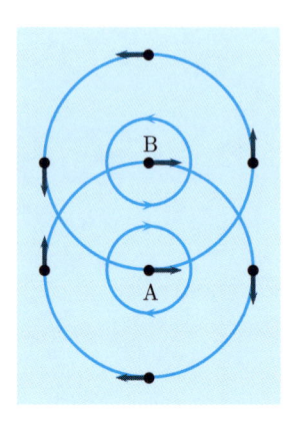

図 7.1　2 個の渦

7.1 渦 の 運 動

渦 B が渦 A の位置につくる速度 (u_B, v_B) は渦 B の強さを κ_B とすれば，式 (7.1) から $v_\theta = \kappa_B/r$ であり，また半径方向の速度 v_r は 0 なので，式 (7.4) は

$$\begin{aligned}
u_B &= -v_\theta \sin\theta = -\frac{\kappa_B \sin\theta}{r} = -\frac{\kappa_B r \sin\theta}{r^2} \\
&= -\frac{\kappa_B(y_A - y_B)}{(x_A - x_B)^2 + (y_A - y_B)^2} \\
v_B &= v_\theta \cos\theta = \frac{\kappa_B \cos\theta}{r} = \frac{\kappa_B r \cos\theta}{r^2} \\
&= \frac{\kappa_B(x_A - x_B)}{(x_A - x_B)^2 + (y_A - y_B)^2}
\end{aligned} \tag{7.5}$$

となる．この速度は原点がどこにあっても同じである．(数学のことばでは原点の移動は座標値に定数を足すことになるが，速度は位置を時間で微分したもので，定数が足されていても微分には影響を与えない．) そこで，

$$\frac{dx}{dt} = u, \quad \frac{dy}{dt} = v$$

に対応する方程式は，(x, y) として渦 A の位置 (x_A, y_A)，(u, v) として渦 B が渦 A の位置につくる速度 (u_B, v_B) をとった場合には

$$\begin{aligned}
\frac{dx_A}{dt} &= -\frac{\kappa_B(y_A - y_B)}{(x_A - x_B)^2 + (y_A - y_B)^2} \\
\frac{dy_A}{dt} &= \frac{\kappa_B(x_A - x_B)}{(x_A - x_B)^2 + (y_A - y_B)^2}
\end{aligned} \tag{7.6}$$

となる．

渦 A に対する方程式も同様の考察で得られるが，より簡単には，渦 B を渦 A，渦 A を渦 B のように名前を付け替えればよく，式 (7.6) の添字 B を添字 A に，添字 A を添字 B になおせばすぐに得られる．その結果

$$\begin{aligned}
\frac{dx_B}{dt} &= -\frac{\kappa_A(y_B - y_A)}{(x_B - x_A)^2 + (y_B - y_A)^2} \\
\frac{dy_B}{dt} &= \frac{\kappa_A(x_B - x_A)}{(x_B - x_A)^2 + (y_B - y_A)^2}
\end{aligned} \tag{7.7}$$

となる．これら微分方程式を，初期の位置を与えた上で解けばよいが，ここでは数値的に取り扱うため，式 (7.6), (7.7) を

$$x_A(t+\Delta t) = x_A(t) - \frac{\kappa_B(y_A(t)-y_B(t))}{(x_A(t)-x_B(t))^2+(y_A(t)-y_B(t))^2}\Delta t$$
$$y_A(t+\Delta t) = y_A(t) + \frac{\kappa_B(x_A(t)-x_B(t))}{(x_A(t)-x_B(t))^2+(y_A(t)-y_B(t))^2}\Delta t \tag{7.8}$$

$$x_B(t+\Delta t) = x_B(t) - \frac{\kappa_A(y_B(t)-y_A(t))}{(x_B(t)-x_A(t))^2+(y_B(t)-y_A(t))^2}\Delta t$$
$$y_B(t+\Delta t) = y_B(t) + \frac{\kappa_A(x_B(t)-x_A(t))}{(x_B(t)-x_A(t))^2+(y_B(t)-y_A(t))^2}\Delta t \tag{7.9}$$

で近似する．そこで，$x_A(0)$, $y_A(0)$, $x_B(0)$, $y_B(0)$ を初期条件として与えた上で，上式を繰り返し用いれば各渦の位置が数値で求まることになる．

次に壁のある場合について 2 個の渦の振る舞いのシミュレーションを考える．この場合，壁面に関する**鏡像**の位置に反対方向で同じ強さの渦を置いたシミュレーションを行えばよい．ここでは一般性をもたせるため，4 個の渦を渦 A，渦 B，渦 C，渦 D としてそれぞれの位置を (x_A, y_A), (x_B, y_B), (x_C, y_C), (x_D, y_D)，強さを κ_A, κ_B, κ_C, κ_D とする．渦 A の運動に注目すると，渦 A は他の渦 B, C, D が作る速度を合成した

$$u_A = u_B + u_C + u_D, \quad v_A = v_B + v_C + v_D$$

によって運動する（図 7.2）．(u_B, v_B) は式 (7.5) で与えられており，(u_C, v_C), (u_D, v_D) は式 (7.5) で B を C または D で置き換えたものである．したがって，渦 A の運動方程式は

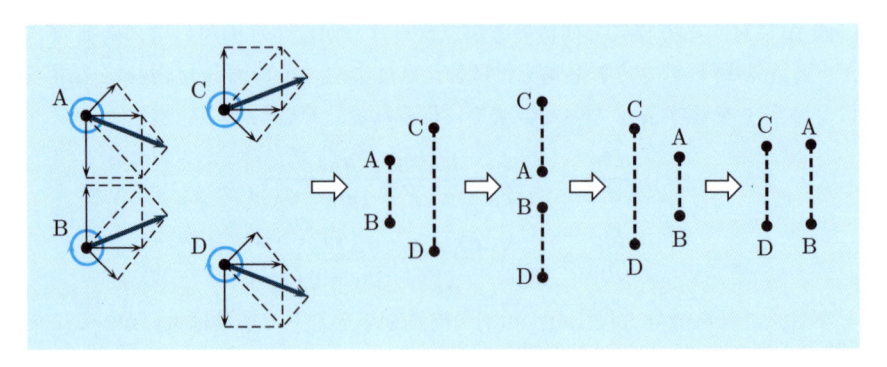

図 **7.2** 4 個の渦の運動

$$\frac{dx_\mathrm{A}}{dt} = -\frac{\kappa_\mathrm{B}(y_\mathrm{A} - y_\mathrm{B})}{(x_\mathrm{A} - x_\mathrm{B})^2 + (y_\mathrm{A} - y_\mathrm{B})^2} - \frac{\kappa_\mathrm{C}(y_\mathrm{A} - y_\mathrm{C})}{(x_\mathrm{A} - x_\mathrm{C})^2 + (y_\mathrm{A} - y_\mathrm{C})^2}$$
$$- \frac{\kappa_\mathrm{D}(y_\mathrm{A} - y_\mathrm{D})}{(x_\mathrm{A} - x_\mathrm{D})^2 + (y_\mathrm{A} - y_\mathrm{D})^2}$$
$$\frac{dy_\mathrm{A}}{dt} = \frac{\kappa_\mathrm{B}(x_\mathrm{A} - x_\mathrm{B})}{(x_\mathrm{A} - x_\mathrm{B})^2 + (y_\mathrm{A} - y_\mathrm{B})^2} + \frac{\kappa_\mathrm{C}(x_\mathrm{A} - x_\mathrm{C})}{(x_\mathrm{A} - x_\mathrm{C})^2 + (y_\mathrm{A} - y_\mathrm{C})^2}$$
$$+ \frac{\kappa_\mathrm{D}(x_\mathrm{A} - x_\mathrm{D})}{(x_\mathrm{A} - x_\mathrm{D})^2 + (y_\mathrm{A} - y_\mathrm{D})^2} \tag{7.10}$$

となる．渦Bに対する方程式は式 (7.10) で添え字AとBを付けかえた式であり，同様に渦C, Dに対応する方程式はそれぞれ式 (7.10) で添え字AとC, AとDを付けかえた式になる．この連立8元の常微分方程式を式 (7.8), (7.9) のように近似すれば，4個の渦の運動を初期の位置から追跡できる．

特に $\kappa_\mathrm{A} = \kappa_\mathrm{C} = -\kappa_\mathrm{B} = -\kappa_\mathrm{D}$ として渦Bと渦Cを壁面に関して鏡像の位置に置けば，同じ強さの2個の渦が壁のそばに置かれたときの振る舞いを近似できる．図 7.2 を見ればわかるように，渦Aと渦Bは中心軸に沿って，中心軸に近づくように移動し，渦Cと渦Dは中心軸に沿って，中心軸から遠ざかるように移動する．渦間の距離が近いほど誘起速度（距離に反比例）が大きいため，渦A, Bは速度を増し，渦C, Dは速度を減ずる．したがって，渦A, Bは渦C, Dに追いつきやがて追い越す．追い越された後は，立場が逆転して逆に渦C, Dは中心軸に近づきながら速度を増し，渦A, Bは遠ざかりながら速度を減ずる．このようにして追い越しが繰り返される．なお，実際のシミュレーション結果は付録1の研究例1に示す．

7.2 2次元閉領域内における熱伝導

本節では板の温度分布など2次元領域における熱の伝わり方のシミュレーション例を示す．この場合，熱源がないとすれば温度 $T(x, y, t)$ に対する2次元の熱伝導方程式

$$\frac{\partial T}{\partial t} = a^2 \Delta T \tag{7.11}$$

を閉領域の境界上で適当な境界条件（温度分布）を与えて解くことになる．
ただし以下のシミュレーションでは熱拡散率 a^2 は1と仮定する．

(a) 平板の熱伝導問題

はじめに簡単のため，図 7.3 に示すような辺の長さが a と b の長方形の平板内の熱伝導問題を考える．ただし，境界条件は左右と下の境界では**等温条件**，上の境界で熱が伝わらないという**断熱条件**を与えるとする．このとき，式 (7.11) は (x, y) 座標で表現するのが適当であり

$$\frac{\partial T}{\partial t} = \frac{\partial^2 T}{\partial x^2} + \frac{\partial^2 T}{\partial y^2} \tag{7.12}$$

となる．また，境界条件は図の記号を用いて

$$\begin{aligned} T &= T_1 \quad (\text{AB 上}) \\ T &= T_2 \quad (\text{BC 上}) \\ T &= T_3 \quad (\text{CD 上}) \\ \partial T/\partial y &= 0 \quad (\text{DA 上}) \end{aligned} \tag{7.13}$$

となる．熱は温度差があれば伝わるため，式 (7.13) の最後の条件が，熱が伝わらないという断熱条件になっている．

式 (7.12) を 4 章で述べた差分法を用いて解いてみよう．長方形領域を等間隔の格子に分割して（x, y 方向にそれぞれ J 等分および K 等分した場合は $\Delta x = a/J$, $\Delta y = b/K$），時間微分に前進差分，空間微分に中心差分を用いて近似すると（オイラー陽解法），式 (7.12) は

$$\frac{T_{j,k}^{n+1} - T_{j,k}^n}{\Delta t} = \frac{T_{j-1,k}^n - 2T_{j,k}^n + T_{j+1,k}^n}{(\Delta x)^2} + \frac{T_{j,k-1}^n - 2T_{j,k}^n + T_{j,k+1}^n}{(\Delta y)^2}$$

となる．したがって，境界上を除く格子点では，$T_{j,k}^{n+1}$ は

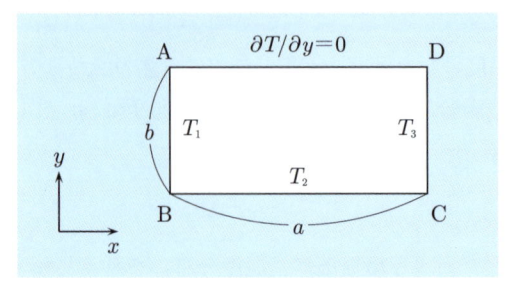

図 7.3 長方形領域内の熱伝導

7.2 2次元閉領域内における熱伝導

$$T_{j,k}^{n+1} = T_{j,k}^n + r(T_{j-1,k}^n - 2T_{j,k}^n + T_{j+1,k}^n) + s(T_{j,k-1}^n - 2T_{j,k}^n + T_{j,k+1}^n) \tag{7.14}$$

$(r = \Delta t/(\Delta x)^2,\ s = \Delta t/(\Delta y)^2;\ j = 1, \cdots, J-1;\ k = 1, \cdots K-1)$

を用いて,時刻 $n\Delta t$ における各格子点での値 T^n から計算される.一方,境界上での T^n の値は,辺 AB, BC, CD 上では値が与えられているため計算する必要はない.すなわち

$$T_{0,k}^n = T_1, \quad T_{J,k}^n = T_3 \quad (k = 1, \cdots, K-1)$$
$$T_{j,0}^n = T_2 \quad (j = 1, \cdots, J-1)$$

である.また,辺 AD 上では,領域の外側に仮想の格子点 $(j, K+1)$ を設けて,境界条件 $\partial T/\partial y = 0$ の差分近似式をつくり

$$\frac{T_{j,K+1}^n - T_{j,K-1}^n}{2\Delta y} = 0 \quad \text{すなわち} \quad T_{j,K+1}^n = T_{j,K-1}^n$$

とする.この関係を式 (7.14) に代入すれば,式 (7.14) は $k = K$ において

$$T_{j,K}^{n+1} = T_{j,K}^n + r(T_{j-1,K}^n - 2T_{j,K}^n + T_{j+1,K}^n) + 2s(T_{j,K-1}^n - T_{j,K}^n) \tag{7.15}$$

$$(j = 1, \cdots, J-1)$$

と修正される.以上をまとめれば,k については式 (7.14) を 1 から $K-1$ まで用い,$k = K$ に対しては式 (7.15) を用いる.ただし,どちらの式も j に対しては $j = 1$ から $J-1$ まで計算する.

以上の方法で,$T_1 = 0$, $T_2 = 5$, $T_3 = 0$, $a = 4$, $b = 2$ の場合について,$J = 40$, $K = 20$, $\Delta t = 0.002$ としたときの計算結果を $100\Delta t$ および $400\Delta t$ について等高線(等温線)で示した図が図 7.4, 図 7.5 である.

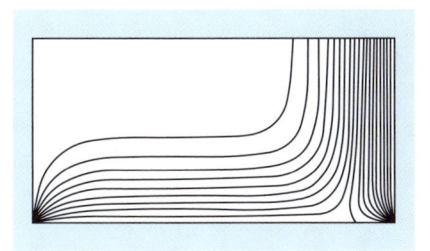

図 7.4 初期から少し後の温度分布

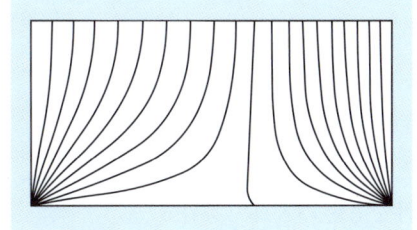

図 7.5 定常状態に近くなったときの温度分布

(b) 円環領域における熱伝導問題

領域が円形の場合は**極座標**で表現するのが便利である．なぜなら，円周上の境界条件が課しやすいからである．本項では内外の円周上で指定された温度分布 $f(\theta)$, $g(\theta)$ が与えられた場合の，円環領域での熱平衡状態における温度分布を求める問題を考える．円環の内側境界の半径を a，外側境界の半径を b とすれば，支配方程式および境界条件は

$$\frac{\partial T}{\partial t} = \frac{\partial^2 T}{\partial r^2} + \frac{1}{r}\frac{\partial T}{\partial r} + \frac{1}{r^2}\frac{\partial^2 T}{\partial \theta^2} \quad (a < r < b;\ 0 < \theta \leq 2\pi) \tag{7.16}$$

$$T(a,\theta) = f(\theta), \quad T(b,\theta) = g(\theta) \quad (0 < \theta \leq 2\pi)$$

となる．このとき円環領域は (r,θ) 面では $a \leq r \leq b;\ 0 \leq \theta < 2\pi$ の長方形領域になる．これをいままでどおり，$J \times K$ の格子に分割しよう．式 (7.16) にオイラー陽解法を適用するために，時間微分を前進差分，空間微分を中心差分で近似し，$T_{j,k}^{n+1}$ について解いた形にすれば

$$T_{j,k}^{n+1} = T_{j,k}^n + \Delta t \left(\frac{T_{j-1,k}^n - 2T_{j,k}^n + T_{j+1,k}^n}{(\Delta r)^2} + \frac{1}{r_j}\frac{T_{j+1,k}^n - T_{j-1,k}^n}{2\Delta r} \right.$$

$$\left. + \frac{1}{r_j^2}\frac{T_{j,k-1}^n - 2T_{j,k}^n + T_{j,k+1}^n}{(\Delta \theta)^2} \right) \tag{7.17}$$

となる．

極座標を用いたため $\theta = 0\ (k=0)$ と $\theta = 2\pi\ (k=K)$ 上の点は，r が同じであれば同一点を表す．したがって解くべき領域は θ 方向の添え字 k については 1 から K（あるいは 0 から $K-1$）となる．このとき境界線近くの差分のとり方に注意が必要である．例えば，格子点 $(j,1)$ における θ に関する 2 階微分は

$$\frac{\partial^2 T}{\partial \theta^2} \sim \frac{T_{j,0} - 2T_{j,1} + T_{j,2}}{(\Delta \theta)^2}$$

$$= \frac{T_{j,K} - 2T_{j,1} + T_{j,2}}{(\Delta \theta)^2}$$

と近似される．なぜなら $T_{j,0}$ は $T_{j,K}$ を意味するからである．このように周期性を考慮に入れた条件

$$T_{j,0} = T_{j,K} \quad \text{または} \quad T_{j,K+1} = T_{j,1} \quad (j = 0, 1, \cdots, J) \tag{7.18}$$

7.2 2次元閉領域内における熱伝導

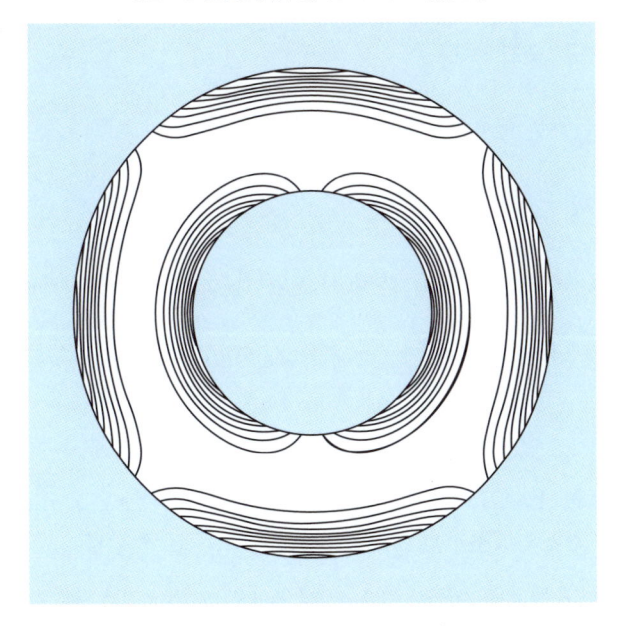

図 7.6 円環領域の温度分布

を**周期境界条件**とよぶ.

図 7.6 は $a = 1$, $b = 2$ の場合について，内外の境界で

$$f(\theta) = \cos\theta$$
$$g(\theta) = \cos 2\theta$$

という温度分布を与えた場合の十分に時間が経ったあと（熱平衡状態）の温度分布を等温線で示した図である.

(c) 複雑な領域における熱伝導問題

領域が複雑な形をしている場合には 5 章で述べた一般座標変換を用いて複雑な領域を ξ-η 平面の長方形など単純な領域に写像して，$\xi\eta$ 平面において差分近似して解けばよい．このとき熱伝導方程式 (7.11) は $a^2 = 1$ の場合に

$$\frac{\partial T}{\partial t} = A\frac{\partial^2 T}{\partial \xi^2} + B\frac{\partial^2 T}{\partial \xi \partial \eta} + C\frac{\partial^2 T}{\partial \eta^2} + D\frac{\partial T}{\partial \xi} + E\frac{\partial T}{\partial \eta} \qquad (7.19)$$

ただし

$$A = \frac{1}{J^2}(x_\eta^2 + y_\eta^2)$$

$$B = -\frac{2}{J^2}(x_\xi y_\xi + x_\eta y_\eta)$$

$$C = \frac{1}{J^2}(x_\xi^2 + y_\xi^2) \tag{7.20}$$

$$D = \frac{1}{J}\{x_\eta(Ay_{\xi\xi} + By_{\xi\eta} + Cy_{\eta\eta}) - y_\eta(Ax_{\xi\xi} + Bx_{\xi\eta} + Cx_{\eta\eta})\}$$

$$E = \frac{1}{J}\{y_\xi(Ax_{\xi\xi} + Bx_{\xi\eta} + Cx_{\eta\eta}) - x_\xi(Ay_{\xi\xi} + By_{\xi\eta} + Cy_{\eta\eta})\}$$

$$J = x_\xi y_\eta - x_\eta y_\xi$$

と変換される．

ここで，係数 $A \sim E$ は物理面における格子点の座標 $x_{j,k}$, $y_{j,k}$ を用いて計算されるが，たとえば格子点 (j, k) における $A_{j,k}$ と $J_{j,k}$ は

$$A_{j,k} = \frac{1}{J_{j,k}^2}\left[\left(\frac{x_{j,k+1} - x_{j,k-1}}{2\Delta\eta}\right)^2 + \left(\frac{y_{j,k+1} - y_{j,k-1}}{2\Delta\eta}\right)^2\right]$$

$$J_{j,k} = \frac{x_{j+1,k} - x_{j-1,k}}{2\Delta\xi}\frac{y_{j,k+1} - y_{j,k-1}}{2\Delta\eta} - \frac{x_{j,k+1} - x_{j,k-1}}{2\Delta\eta}\frac{y_{j+1,k} - y_{j-1,k}}{2\Delta\xi} \tag{7.21}$$

となる．したがって，格子点の座標の数値が与えられればこの式を用いて各格子点において係数の数値を計算し，コンピュータに記憶しておく．次に式 (7.19) を差分近似して $T_{j,k}^{n+1}$ について解けば

$$\begin{aligned}T_{j,k}^{n+1} = T_{j,k}^n + \Delta t \Bigg(& A_{j,k}\frac{T_{j-1,k}^n - 2T_{j,k}^n + T_{j+1,k}^n}{(\Delta\xi)^2} \\ & + B_{j,k}\frac{T_{j+1,k+1}^n - T_{j+1,k-1}^n - T_{j-1,k+1}^n + T_{j-1,k-1}^n}{4\Delta\xi\Delta\eta} \\ & + C_{j,k}\frac{T_{j,k-1}^n - 2T_{j,k}^n + T_{j,k+1}^n}{(\Delta\eta)^2} \\ & + D_{j,k}\frac{T_{j+1,k}^n - T_{j-1,k}^n}{2\Delta\xi} + E_{j,k}\frac{T_{j,k+1}^n - T_{j,k-1}^n}{2\Delta\eta}\Bigg)\end{aligned} \tag{7.22}$$

という近似式を得る．そこで，式 (7.20) により各格子点において計算した $A \sim E$ の値と境界上の T の値を用いて，$T_{j,k}^{n+1}$ の値が $n\Delta t$ における T の値から計算

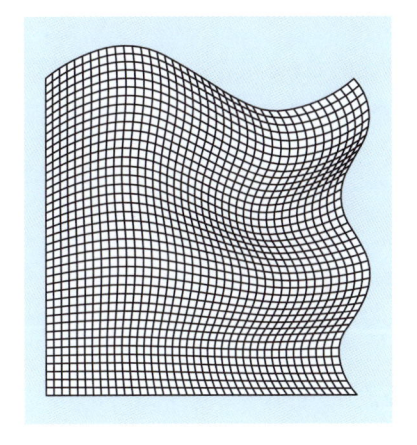

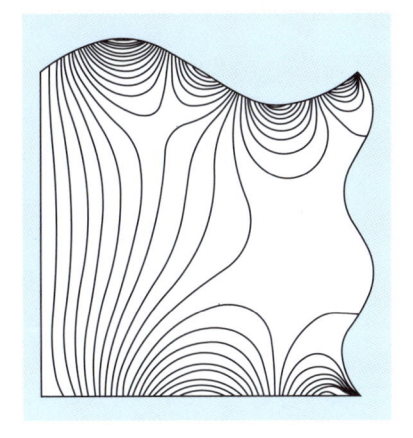

図 7.7 不規則な領域での格子の例　　図 7.8 不規則な領域での温度分布

できる．なお，式 (7.22) に現れる $\Delta\xi$, $\Delta\eta$ は係数 A 等における $\Delta\xi$, $\Delta\eta$ と打ち消し合って計算とは無関係になる．すなわち，どのような値を選んでも結果は同じになる．そこで，一般座標を用いる場合にはいつでも $\Delta\xi = 1$, $\Delta\eta = 1$ と選んでよい．

図 7.7 は例としてサインカーブと直線で囲まれた幅 1 の領域内に 5 章で述べた超限補間法を用いて格子生成した場合の格子図である．そして，図 7.8 はこの格子を用いて熱伝導方程式を解いた例で，十分に時間が経過した後の状態を等温線で表示している．ただし，境界条件として，左と右の境界ではそれぞれ $T = 1$ と $T = 0$，上と下の境界では $T = \cos 4\pi\theta$ および $T = \cos 2\pi\theta$ を与えている．

7.3　翼まわりのポテンシャル流れ

6 章で詳しく述べたが流体の運動は質量，運動量およびエネルギーの各保存則から導かれるナヴィエ–ストークス方程式などの基礎方程式（非線形の連立偏微分方程式）によって記述される．しかし，すべての流れに対して常にこれらの基礎方程式を解く必要があるわけではなく，着目している現象の種類によって種々の近似が許される場合がある．たとえば，流線形の物体まわりの剥離のない流れでは粘性の効果を無視してよい．このような流れをポテンシャル流れ

という.

非圧縮, 非粘性の流れでかつ流れが 2 次元的である場合に, 流速場はラプラス方程式

$$\frac{\partial^2 \psi}{\partial x^2} + \frac{\partial^2 \psi}{\partial y^2} = 0 \tag{7.23}$$

から決まる. ここで, ψ は流れ関数であり, 流れは流れ関数が一定の曲線 (流線) に沿う. そして, 流れ関数がわかれば流速は

$$u = \frac{\partial \psi}{\partial y}, \quad v = -\frac{\partial \psi}{\partial x} \tag{7.24}$$

から計算できる. したがって, このような流れを計算する場合には, ラプラス方程式 (7.23) を適当な境界条件のもとで解けばよい.

x 軸に角度 α をもって速さ U で一様に流れる流体の中に翼形状をした物体が置かれているとしよう. 流れは物体に沿って流れるため, 物体上で ψ は一定である. また, 物体の影響を受けない遠方では

$$u = U\cos\alpha, \quad v = U\sin\alpha$$

となる. この式と式 (7.24) から, 遠方における流れ関数の関数形が定まる. まとめると, このような状況では式 (7.23) を以下の境界条件のもとで解けばよい.

$$\begin{aligned}\psi(x,y) &= C \quad (物体上) \\ \psi(x,y) &= U(y\cos\alpha - x\sin\alpha) \quad (遠方)\end{aligned} \tag{7.25}$$

ここで, C は定数であるが, その値は未定である. C の値を決めるためには, 新たな条件を付け加える必要があるが, ここでは流れが翼の後端で滑らかにつながるという条件 (**クッタの条件**という) を課すことにする. すなわち, 図 7.9 に示すように翼の上面から計算された接線速度 V_t^U と下面から計算された接線

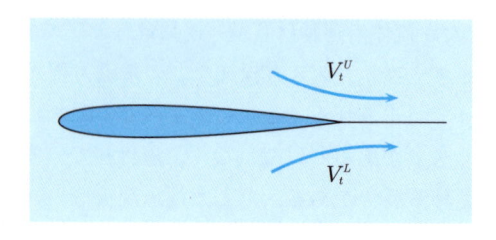

図 7.9 翼端での条件

7.3 翼まわりのポテンシャル流れ

速度 V_t^L を等しいとおく：

$$V_t^U = V_t^L \tag{7.26}$$

以下，C の値を決めるための計算法を具体的に示す．

流れ関数を支配するラプラス方程式は線形であるため，解の重ね合わせができる．そこで，まずラプラス方程式を以下の3つの条件のもとで独立に解く：

(1)　$\psi_1 = 0$　（翼面上），$\psi_1 = y$　（遠方）　　　　　　　(7.27)

(2)　$\psi_2 = 0$　（翼面上），$\psi_2 = -x$　（遠方）　　　　　　(7.28)

(3)　$\psi_3 = 1$　（翼面上），$\psi_3 = 0$　（遠方）　　　　　　(7.29)

(1) は迎角 0°，翼周りの循環 0 の流れ，(2) は迎角 90°，翼周りの循環 0 の流れ，(3) は一様流れがない場合の翼周りの循環 1 の流れ，という物理的な意味をもっている．求めるべき解は，これらの解の重ね合わせ

$$\psi = \psi_1 + \psi_2 + C\psi_3 \tag{7.30}$$

になる．ただし，C は式 (7.25) のものと同じである．

式 (7.30) の流れ関数を用いて翼の上面と下面の流れ関数の値からそれぞれの接線速度を計算して C の式で表せば，式 (7.26) から C の値が決まる．

実際の計算は翼に沿った格子を用いて行うのが精度の点で優れている．そこでラプラス方程式を一般座標で表現し，差分化して反復法で解く．これは 7.2 節の式 (7.19) において，T を ψ とみなし，時間微分項をなくしたものであるから

$$\begin{aligned}
& A_{j,k} \frac{\psi_{j-1,k} - 2\psi_{j,k} + \psi_{j+1,k}}{(\Delta\xi)^2} \\
& + B_{j,k} \frac{\psi_{j+1,k+1} - \psi_{j+1,k-1} - \psi_{j-1,k+1} + \psi_{j-1,k-1}}{4\Delta\xi\Delta\eta} \\
& + C_{j,k} \frac{\psi_{j,k-1} - 2\psi_{j,k} + \psi_{j,k+1}}{(\Delta\eta)^2} \\
& + D_{j,k} \frac{\psi_{j+1,k} - \psi_{j-1,k}}{2\Delta\xi} + E_{j,k} \frac{\psi_{j,k+1} - \psi_{j,k-1}}{2\Delta\eta} = 0
\end{aligned} \tag{7.31}$$

となる．連立1次方程式の解法として**ヤコビの反復法**を使うことにすれば，反復式は上式を $\psi_{j,k}$ について解いた式を用いて

第 7 章 数値シミュレーションの実例

$$\psi_{j,k}^{(\nu+1)} = \frac{1}{2A_{j,k}/(\Delta\xi)^2 + 2C_{j,k}/(\Delta\eta)^2} \left(A_{j,k} \frac{\psi_{j-1,k}^{(\nu)} + \psi_{j+1,k}^{(\nu)}}{(\Delta\xi)^2} \right.$$

$$+ B_{j,k} \frac{\psi_{j+1,k+1}^{(\nu)} - \psi_{j+1,k-1}^{(\nu)} - \psi_{j-1,k+1}^{(\nu)} + \psi_{j-1,k-1}^{(\nu)}}{4\Delta\xi\Delta\eta}$$

$$+ C_{j,k} \frac{\psi_{j,k-1}^{(\nu)} + \psi_{j,k+1}^{(\nu)}}{(\Delta\eta)^2}$$

$$\left. + D_{j,k} \frac{\psi_{j+1,k}^{(\nu)} - \psi_{j-1,k}^{(\nu)}}{2\Delta\xi} + E_{j,k} \frac{\psi_{j,k+1}^{(\nu)} - \psi_{j,k-1}^{(\nu)}}{2\Delta\eta} \right) \qquad (7.32)$$

と書ける．なお，式 (7.30) の C の値を決めるために用いる翼面上の接線速度は一般座標では

$$V_t = (\sqrt{\alpha}/J)\psi_\eta \qquad (7.33)$$

となる．

図 7.10 は，翼型として NACA 0012 を用いた格子の一例であり，この格子を用いて翼まわりのポテンシャル流れを，迎角が 30°の場合について計算した結果を流線表示したものが図 7.11 である．

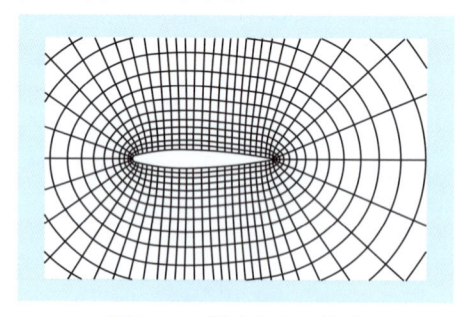

図 7.10 翼まわりの格子

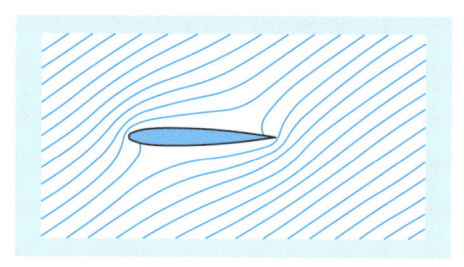

図 7.11 翼まわりのポテンシャル流れ（流線）

7.4 簡単な流れのシミュレーション

(a) 長方形の閉領域内の定常流れ

図 7.12 に示すような長方形領域において上壁 AD を速さ 1 で右側に動かしたとき長方形内にできる流れ（**キャビティ内流れ**とよばれる）を考える．BC の長さを a，AB の長さを 1 とし，x 方向に J 等分，y 方向に K 等分して格子をつくる．このとき，$\Delta x = a/J$，$\Delta y = 1/K$ である．定常問題であるため 6.2 節の式 (6.41) において $\partial \omega / \partial t = 0$ とした式を用いることにする．各微分を中心差分で近似すれば

$$\frac{(\psi_{j,k+1} - \psi_{j,k-1})(\omega_{j+1,k} - \omega_{j-1,k})}{4\Delta x \Delta y} - \frac{(\psi_{j+1,k} - \psi_{j-1,k})(\omega_{j,k+1} - \omega_{j,k-1})}{4\Delta x \Delta y}$$

$$= \nu \left(\frac{\omega_{j-1,k} - 2\omega_{j,k} + \omega_{j+1,k}}{(\Delta x)^2} + \frac{\omega_{j,k-1} - 2\omega_{j,k} + \omega_{j,k+1}}{(\Delta y)^2} \right)$$

$$\frac{\psi_{j-1,k} - 2\psi_{j,k} + \psi_{j+1,k}}{(\Delta x)^2} + \frac{\psi_{j,k-1} - 2\psi_{j,k} + \psi_{j,k+1}}{(\Delta y)^2} = -\omega_{j,k} \quad (7.34)$$

$$(j = 1, \cdots, J-1;\ k = 1, \cdots, K-1)$$

となる．これは非線形の方程式を含む連立方程式であるから，反復法を用いて解く必要がある．すなわち，式 (7.34) からヤコビの反復法の反復式

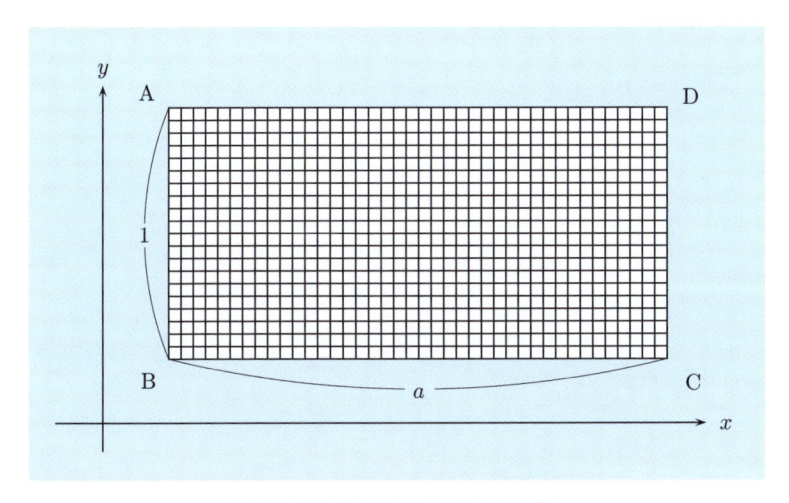

図 7.12 長方形領域に対する格子

$$\omega_{j,k}^{(m+1)} = \frac{1}{2((\Delta x)^2 + (\Delta y)^2)}$$
$$\Big[(\Delta y)^2(\omega_{j-1,k}^{(m)} + \omega_{j+1,k}^{(m)}) + (\Delta x)^2(\omega_{j,k-1}^{(m)} + \omega_{j,k+1}^{(m)})$$
$$- \frac{Re\,\Delta x\,\Delta y}{4}\Big\{(\psi_{j,k+1}^{(m)} - \psi_{j,k-1}^{(m)})(\omega_{j+1,k}^{(m)} - \omega_{j-1,k}^{(m)})$$
$$- (\psi_{j+1,k}^{(m)} - \psi_{j-1,k}^{(m)})(\omega_{j,k+1}^{(m)} - \omega_{j,k-1}^{(m)})\Big\}\Big]$$
$$\psi_{j,k}^{(m+1)} = \frac{1}{2((\Delta x)^2 + (\Delta y)^2)}\Big[(\Delta y)^2(\psi_{j-1,k}^{(m)} + \psi_{j+1,k}^{(m)})$$
$$+ (\Delta x)^2(\psi_{j,k-1}^{(m)} + \psi_{j,k+1}^{(m)}) + (\Delta x)^2(\Delta y)^2 \omega_{j,k}^{(m+1)}\Big]$$
$$(j = 1, \cdots, J-1;\ k = 1, \cdots, K-1) \tag{7.35}$$

を構成して，境界条件を考慮して解く．具体的には以下のようにする．

(1) すべての格子点において ψ, ω の出発値 $\psi_{j,k}^{(0)}$, $\omega_{j,k}^{(0)}$ を与える．適当な値がわからない場合は 0 でよい．

(2) 境界上の ψ を 0 とする．また $m=0$ とする．

(3) 境界上の ω を次式を用いて修正する．

$$\omega_{0,k}^{(m+1)} = -\frac{2}{(\Delta x)^2}\psi_{1,k}^{(m)}$$
$$\omega_{J,k}^{(m+1)} = -\frac{2}{(\Delta x)^2}\psi_{J-1,k}^{(m)}\quad (k=0,1,\cdots,K)$$
$$\omega_{j,0}^{(m+1)} = -\frac{2}{(\Delta y)^2}\psi_{j,1}^{(m)}$$
$$\omega_{j,K}^{(m+1)} = -\frac{2}{(\Delta y)^2}(\psi_{j,K-1}^{(m)} + \Delta y)\quad (j=0,1,\cdots,J)$$

(4) 式 (7.35) を用いて領域内の ψ, ω を計算する．

(5) $\left|\psi_{j,k}^{(m+1)} - \psi_{j,k}^{(m)}\right| < \varepsilon_1$, $\left|\omega_{j,k}^{(m+1)} - \omega_{j,k}^{(m)}\right| < \varepsilon_2$ が満足されれば終了．満足されなければ $m \to m+1$ として (3) に戻る．

ステップ (2) において，静止壁面では 6.2 節の議論から $\psi = C_0$（一定値）となるが $C_0 = 0$ と選んでいる．また AD 上では式 (6.43) から $\psi = 1 + C_1$ とな

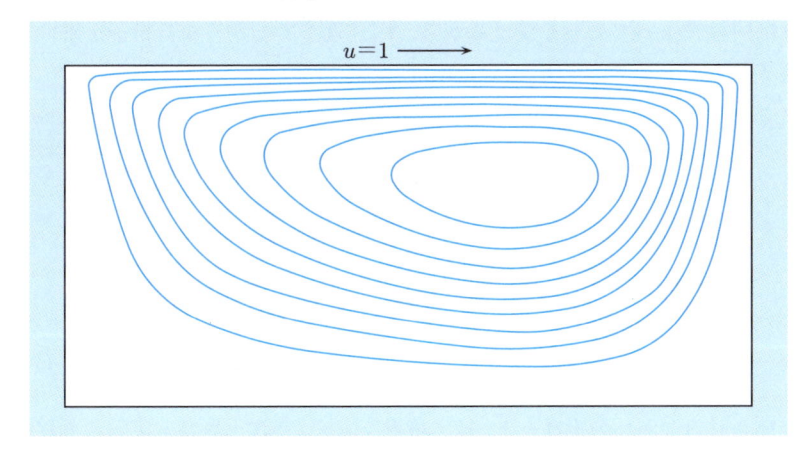

図 7.13 長方形領域内の流れ（流線）

るが点 A, D で流体の流出がないため，AD 上の ψ の値と AB (CD) 上の ψ の値に差はないことがわかる．したがって $C_1 = -1$ である．ステップ (3) での ω の値はすべての壁面上で $\psi = 0$ であることを用いて導いた式である．またステップ (5) の ε_1, ε_2 は収束判定の条件である．

図 7.13 は $J = 40$, $K = 20$, $a = 2.0$, $\nu = 0.025$, $\varepsilon_1 = 0.00001$, $\varepsilon_2 = 0.001$ としたときの計算結果を，ψ の等高線（流線）で表示した図である．流線は速度ベクトルを連ねた線であり，この図から上の壁の運動にひきずられて内部の流体も回転している様子がみてとれる．

（b）円柱まわりの流れ

一様流中に置かれた円柱まわりの動粘性率 ν の比較的大きな流れを調べてみよう．この場合，流れは上下対称になると考えられるため上半分で考える．座標系は境界に沿った極座標を用いるのが便利である．このとき式 (6.41), (6.42) は次のようになる．

$$\frac{\partial \omega}{\partial t} + \frac{1}{r}\left(\frac{\partial \psi}{\partial \theta}\frac{\partial \omega}{\partial r} - \frac{\partial \psi}{\partial r}\frac{\partial \omega}{\partial \theta}\right) = \nu\left(\frac{\partial^2 \omega}{\partial r^2} + \frac{1}{r}\frac{\partial \omega}{\partial r} + \frac{1}{r^2}\frac{\partial^2 \omega}{\partial \theta^2}\right) \quad (7.36)$$

$$\frac{\partial^2 \psi}{\partial r^2} + \frac{1}{r}\frac{\partial \psi}{\partial r} + \frac{1}{r^2}\frac{\partial^2 \psi}{\partial \theta^2} = -\omega \quad (7.37)$$

流れは円柱によって影響を受けるから，円柱近くで細かくなる格子を用いるのが望ましい．そこで半径方向にもう一度変換

$$r = e^\xi \tag{7.38}$$

を行って，ξ を等間隔にとれば，円柱近くで細かくて遠方になるほど粗くなる格子が得られる（図 7.14）．このとき式 (7.36), (7.37) は

$$\frac{\partial \omega}{\partial t} + e^{-2\xi}\left(\frac{\partial \psi}{\partial \theta}\frac{\partial \omega}{\partial \xi} - \frac{\partial \psi}{\partial \xi}\frac{\partial \omega}{\partial \theta}\right) = \nu e^{-2\xi}\left(\frac{\partial^2 \omega}{\partial \xi^2} + \frac{\partial^2 \omega}{\partial \theta^2}\right) \tag{7.39}$$

$$\frac{\partial^2 \psi}{\partial \xi^2} + \frac{\partial^2 \psi}{\partial \theta^2} = -\omega e^{2\xi} \tag{7.40}$$

と変換される．円柱の半径を 1, 遠方境界を $r = e^R$ にとれば，実際に方程式を解く領域は図 7.15 のようになる．境界条件は ψ に関しては AD, AB, BC 上で

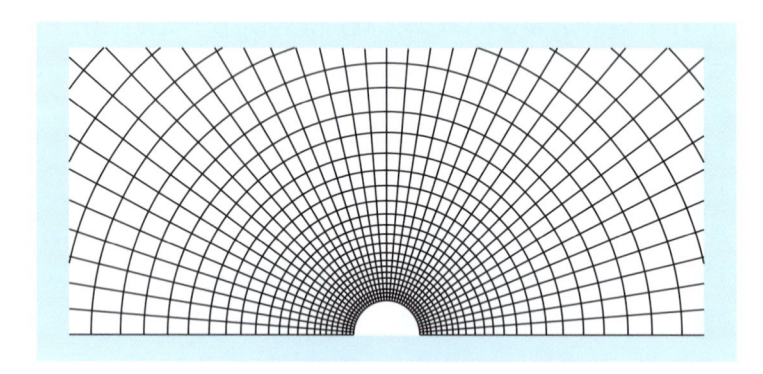

図 7.14　円柱まわりの流れに対する格子

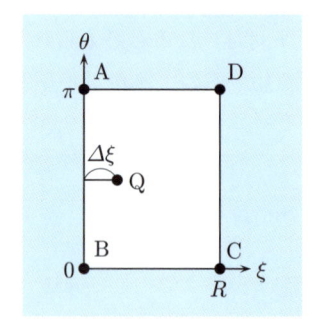

図 7.15　変換面における境界条件

7.4 簡単な流れのシミュレーション

$\psi = 0$，CD 上では $\psi = y = e^R \sin\theta$ となる（流れは遠方で $U = 1$, $V = 0$ とする）．ω に関しては遠方で一様流であるため CD 上では $\omega = 0$ である．一方，変換された方程式をもとに壁面上での境界条件を求めると，円柱上（AB）では $\omega = -2\psi_Q/(\Delta\xi)^2$ であり，対称面上（AD, BC）では $\psi = 0$, $\omega = 0$ となる．

定常解を求める場合，基礎方程式において $\partial\omega/\partial t = 0$ として解くこともできるが，別の方法として $\partial\omega/\partial t$ を残したまま時間進行的に定常になるまで方程式を解いてもよい．ここでは後者の方法を用いることにする．時間については前進差分，空間に対して中心差分を用いて差分化すれば渦度輸送方程式 (7.39) は

$$\omega_{j,k}^{n+1} = \omega_{j,k}^n + \Delta t \Bigg[-\frac{e^{-2j\Delta\xi}}{4\Delta\xi\Delta\theta}\{(\psi_{j,k+1}^n - \psi_{j,k-1}^n)(\omega_{j+1,k}^n - \omega_{j-1,k}^n)$$
$$- (\psi_{j+1,k}^n - \psi_{j-1,k}^n)(\omega_{j,k+1}^n - \omega_{j,k-1}^n)\}$$
$$+ \nu e^{-2j\Delta\xi} \left(\frac{\omega_{j-1,k}^n - 2\omega_{j,k}^n + \omega_{j+1,k}^n}{(\Delta\xi)^2} + \frac{\omega_{j,k-1}^n - 2\omega_{j,k}^n + \omega_{j,k+1}^n}{(\Delta\theta)^2} \right) \Bigg]$$
(7.41)

と近似される．一方，ポアソン方程式については連立 1 次方程式をヤコビの反復法で解く場合には，反復式として

$$\psi_{j,k}^{(m+1)} = \frac{1}{2((\Delta\xi)^2 + (\Delta\theta)^2)} \{(\Delta\theta)^2(\psi_{j-1,k}^{(m)} + \psi_{j+1,k}^{(m)})$$
$$+ (\Delta\xi)^2(\psi_{j,k-1}^{(m)} + \psi_{j,k+1}^{(m)}) + (\Delta\xi)^2(\Delta\theta)^2 e^{2j\Delta\xi}\omega_{j,k}\} \quad (7.42)$$

を用いる．ただし，m は反復回数であり，時間の添え字はすべて $n+1$ であるので省略した．方程式 (7.41), (7.42) は境界条件を与えて解くことができる．以下に具体的に解く手順を示す．ただし $\varepsilon_1, \varepsilon_2, \varepsilon_3$ は小さな正数である．なお，格子としては図 7.15 の領域を ξ 方向に J 等分，θ 方向に K 等分したものを用いる．

> (1) 全領域で初期条件 $\psi_{j,k}^0$, $\omega_{j,k}^0$ を与える．初期に流体が静止している場合はすべて 0 にすればよい．$n = 0$ とする．
> (2) ψ に関する境界条件を与える．すなわち，$j = 0, 1, \cdots, J$; $k = 0, 1, \cdots, K$ として

$$\psi_{j,0}^n = \psi_{j,K}^n = 0, \quad \psi_{0,k}^n = 0, \quad \psi_{J,k}^n = e^R \sin k\Delta\theta$$

(3) ω に関する境界条件を与える．すなわち

$$\omega_{j,0}^n = -2\psi_{1,k}^n/(\Delta\xi)^2, \quad \omega_{J,k}^n = 0 \quad (k = 0, 1, \cdots, K)$$

$$\omega_{j,0}^n = 0, \quad \omega_{j,K}^n = 0 \quad (j = 0, 1, \cdots, J)$$

(4) $\omega_{j,k}^{n+1}$ を領域内の格子点において式 (7.41) から計算する．

(5) $\psi_{j,k}^{(m)} = \psi_{j,k}^n$ とおく．$m = 0$ とする．

(6) $\psi_{j,k}^{(m+1)}$ を式 (7.42) で計算．

(7) $\left|\psi_{j,k}^{(m+1)} - \psi_{j,k}^{(m)}\right| < \varepsilon_1$ ならば次のステップへ，それ以外は $m \to m+1$ として (6) にもどる．

(8) $\psi_{j,k}^{n+1} = \psi_{j,k}^{(m)}$ とする．

(9) $\left|\psi_{j,k}^{n+1} - \psi_{j,k}^n\right| < \varepsilon_2$, $\left|\omega_{j,k}^{n+1} - \omega_{j,k}^n\right| < \varepsilon_3$ が成り立てば終了．それ以外は $n \to n+1$ として (2)（この場合は (3) でもよい）に戻る．

図 7.16 に $\nu = 0.01$, $R = 3$, $J = 30$, $K = 30$ としたときの計算結果を示す．結果は流線および等渦度線で示している．

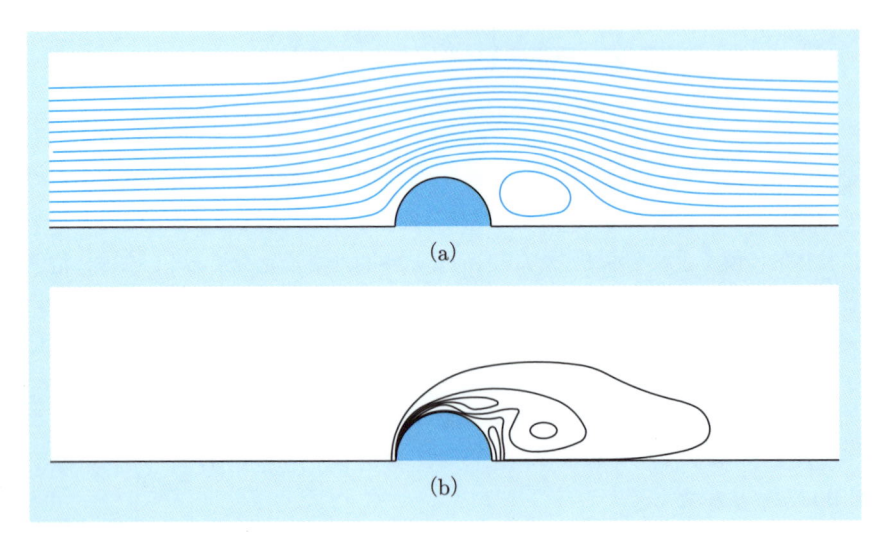

図 7.16　円柱まわりの流れ（(a) 流線，(b) 等渦度線）

(c) 障害物のあるダクト内の流れ

　フラクショナルステップ法を用いた 2 次元流れの解析例として，図 7.17 に示すような，ダクト内に長方形形状をした障害物がある場合の流れを計算してみよう．流れはダクト入口と出口の間に圧力差をつけて生じさせるものとする．このときダクト入口と出口における境界条件は圧力の値を指定する．一方，同じ境界で速度の条件まで課すと，過剰な境界条件を与えることになる．本来，圧力差を与えれば入口と出口の速度はそれに応じて決定されるはずである．そこで速度に対しては値を指定せず，外挿によって決めることにする．壁面上の境界条件は，静止壁であるので $v = 0$ を課すべきであるが，ここでは壁面上で流体が滑るという**滑り壁条件**を課す．この条件は壁面に垂直方向の速度は 0，平行方向には速度差がないという条件である．ただし，この場合もスタガード格子を用いているため，少し注意が必要になる．x 軸に平行な壁では図 7.18 に示すように速度成分 v の定義点を壁面上にとる．このとき $v_P = 0$ となる．図の速度成分 u については $u_B = u_A$ となるようにとる．これは壁面近くで u の速度勾配が 0 であることから妥当な仮定である．一方，v_Q については $v_Q = -v_R$ にする．このようにする理由は以下のとおりである．図の壁面より上の格子に着目すると左側の流れが右側より大きいこと，および壁面上で $v_P = 0$ であるため，v_R は正（上向き）になる．次に壁面より下の格子に着目すると壁をはさ

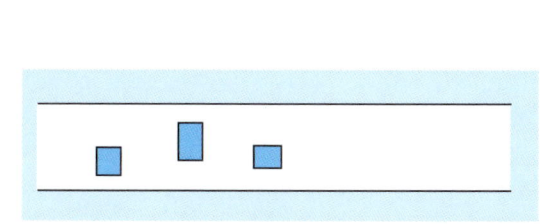

図 7.17　ダクト内に物体がある領域

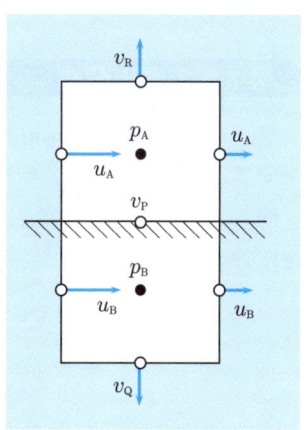

図 7.18　壁面上の境界条件（MAC 法）

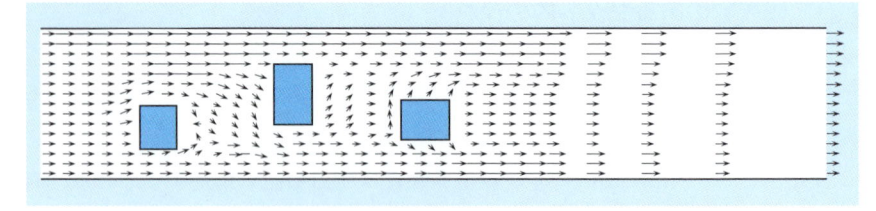

図 7.19　ダクト内に物体がある場合の流れ（速度場）

んで u は同じにとるため v_Q は負（下向き）になる．圧力の壁面での境界条件は，前述のとおり速度の条件からナヴィエ－ストークス方程式を用いて間接的に決める．いまの場合，次のようになる．

$$p_B = p_A$$

以上の方法を用いて行った計算結果（速度ベクトル）を図 7.19 に示す．なお，$\nu = 0.01$ である．ただし，$\nu = 0.01$ である．なお，この例ですべり壁条件を用いたのは，格子があまり細かくないからで，格子が十分細かければすべりなし壁とする．この場合，壁面側の格子における速度は，壁面と平行な成分は流体側と逆向き，壁面に垂直な成分は同じ向きにとる．すなわち，図 7.18 では $u_B = -u_A$，$v_Q = v_R$ とする．このとき，壁面に平行な成分は壁面上では平均をとって 0 となる．

第 7 章の章末問題

問 1　1 次元の弦の微小振動問題を解くプログラムをつくれ．
問 2　長方形領域内で熱伝導方程式を解くプログラムをつくれ．
問 3　長方形領域内で移流拡散方程式を解くプログラムをつくれ．ただし，流速は辺に平行な一様流とする．

付録1
理学問題への応用

> 流れのシミュレーションは実用的な意味から工学の問題に多用されるが，まず付録1では工学以外の流れのシミュレーションを取り上げる．表題の理学という意味は工学以外の自然科学という意味であり，流体力学の基本問題の他に，生物学，医学，惑星物理学，気象学に関係するシミュレーション例を紹介する．具体的には流体中の渦のモデルである渦糸の運動，微生物が対流を起こす生物対流，複雑な形状をした血管内の流れ，簡単なモデルによる木星大気の運動や地球の温帯低気圧の発生・発達過程のシミュレーションである．これらは実際に卒業研究のテーマとして大学4年生が取り組んだものである．

研究例1　渦糸　常微分方程式によるシミュレーション例として7.1節で述べた流体中の渦の運動を取り上げる．計算方法は7章に述べたものと同じであるが，ここでは**関数論**を利用した定式化を行っている．2次元のポテンシャル流れは**正則関数**を用いて完全に記述できるためこのような取り扱いができる．具体例として，2個の渦の運動，2個の渦対（4個の渦糸）の追い越し運動，2定点から一定の時間間隔をおいて渦が放出され続ける場合の渦群の振る舞いを取り上げている．

1 渦糸近似法を用いた流れの解析

野澤　晃奈

1. はじめに　流体の運動にともなう渦現象とは，気象における台風や温帯低気圧などの渦，翼の渦，カルマン渦列，テイラー渦等，非常に多岐にわたり，学術的にも実用的にも重要な現象である．よって，渦現象を理解するということは非常に大きな意味を持っている．そこで本研究では，渦の動きに着目し，**渦糸近似法**を用いてシミュレーションすることにより，渦のある流れの解析を行った．なお，渦糸近似法とは，渦度を持つ領域を多数の渦糸集団に置き換え，渦糸間の運動学的な相互作用で生じる渦糸の運動を追跡することで，流れを数値シミュレーションする方法である．

2. モデル化　実際の渦現象は3次元であるが，本研究においては，渦の軸に対して垂直方向の流れに着目するため，現象を2次元と仮定する．

3. 計算方法　本研究では，縮まない完全流体の2次元渦なしの運動を仮定する．なお，渦糸は中心（特異点）を除き渦なし流れで記述できる．

まず，渦なしの仮定より，式 (1) を満足するスカラー量 ϕ（速度ポテンシャル）が存在する．　　　　　　　　　　　　　　　　　　　　　　　　　　　　　　　　　　　…①

次に，流体が縮まないことと2次元運動の仮定より，式 (2) を満足する流れ関数 ψ が存在する．　　　　　　　　　　　　　　　　　　　　　　　　　　　　　　　　　　　　…②

式 (1)，式 (2) より，ϕ と ψ はコーシー–リーマンの微分方程式を満足することがわかる．

よって，複素数値をとる次の関数（複素速度ポテンシャル）$f = \phi + i\psi$ は複素変数 $z = x + iy$ の正則関数になる．　　　　　　　　　　　　　　　　　　　　　　　　　　　　　…③

さらに，①, ②, ③より，f の導関数を考えると式 (3) の関係が成り立つ．

$u = dx/dt$, $v = dy/dt$ であるから，式 (4) のように，複素速度 $u - iv$ は z の共役複素数の時間微分によっても表現できる．

$$u = \frac{\partial \phi}{\partial x}, \quad v = \frac{\partial \phi}{\partial y} \quad (1) \qquad u = \frac{\partial \psi}{\partial y}, \quad v = -\frac{\partial \psi}{\partial x} \quad (2)$$

$$\frac{df}{dz} = u - iv \quad (3) \qquad \frac{df}{dz} = \frac{d\bar{z}}{dt} \quad (4)$$

次に，式 (5) で表される正則関数を複素速度ポテンシャルとして持つ流れの場を考える．これは，点 $z_0 = x_0 + iy_0$ を中心とする強さ κ の渦糸のポテンシャルを表している．

$$f(z) = -i\kappa \log(z - z_0) \quad (5)$$

完全流体の基本的な性質として，(ⅰ) 渦糸はいつまでも同じ強さを持ち続け，流体に凍結したまま動き続けることと，(ⅱ) 渦糸が誘起する流速場は重ね合わせができることが挙げら

研究例 1　渦糸近似法を用いた流れの解析

れる．よって，ある時刻に存在するすべての渦糸の強さと位置が与えられれば，各渦糸の移動速度は完全に決まる．

流れの中に，n 個の渦糸がある場合，複素表示で示すと，以下の式 (6) のように表される．

$$\frac{d\bar{z}_j}{dt} = \left(\frac{df_j}{dz}\right)_{z=z_j} \quad (j = 1, 2, \cdots, n)$$
$$f_j = f_0 - i\sum_{k \neq j} \kappa_k \log(z - z_k) \tag{6}$$

$$z_k \equiv x_k + iy_k$$
$$\bar{z}_k \equiv x_k - iy_k \tag{7}$$

$(x_k, y_k), \kappa_k$；第 k 番目の渦糸の中心位置と強さ

f_0；渦糸をすべて取り除いたとき存在する流れの複素速度ポテンシャル

本研究では，以上の基本方程式を与えられた初期条件のもとで，渦糸の中心の動きや速度を求め，流れのシミュレーションを行った．

4. 計算結果　本研究では，以下の流れを渦糸近似法を用いて解析した．

① 2 個の渦糸の運動
② 4 個の渦糸の運動
③ 2 点から等時間間隔で渦糸を発生させた場合の渦糸群の運動

	渦の中心 z	渦の強さ κ
①	A (0,0) B (1,0)	A : 1, B : 1
		A : 1, B : −1
		A : 1, B : −0.5
②	A (0,0), B (1,0) C (0,1), D (1,1)	A : 1, B : 1 C : −1, D : −1
③	A (0,0), B (0,5)	A : 1, B : −1

① 2 個の渦糸の運動（中心の軌跡）

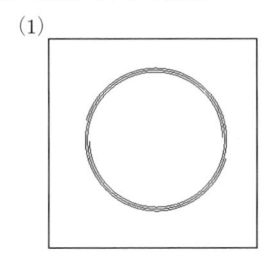

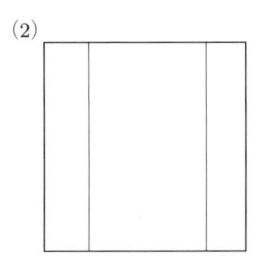

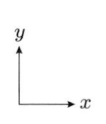

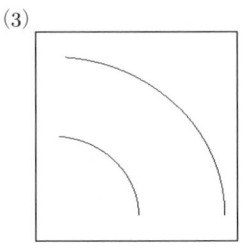

144　　　　　　付録1　理学問題への応用

② 4個の渦糸の運動
（ⅰ）中心の軌跡

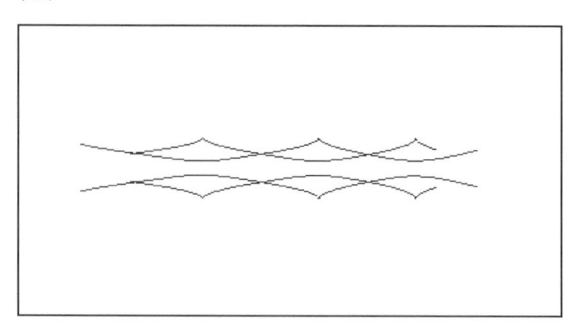

（ⅱ）速度ベクトル

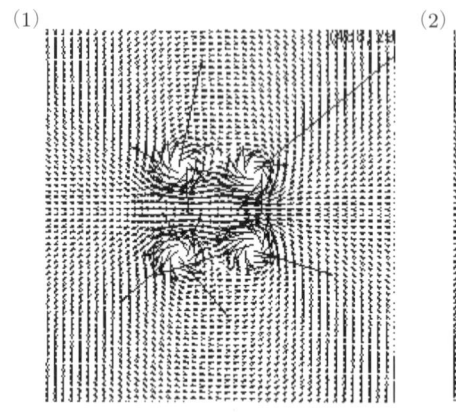

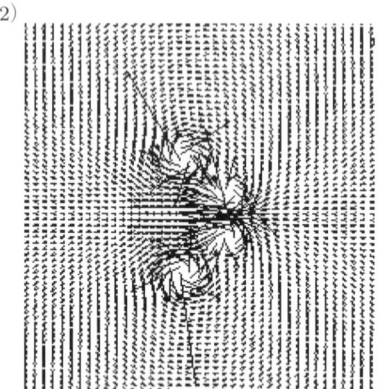

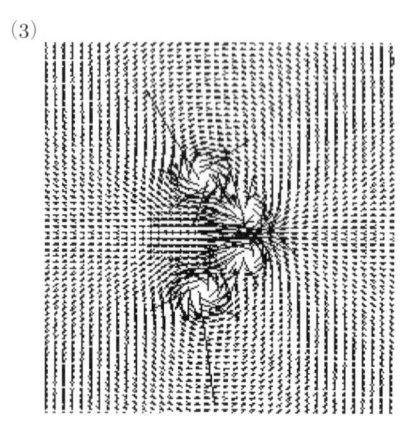

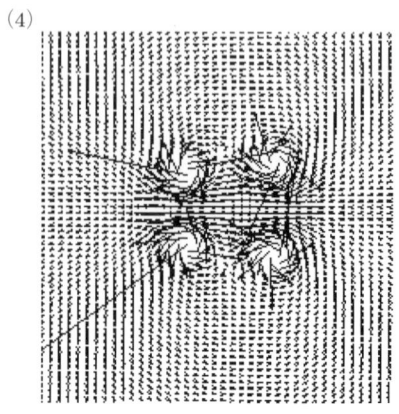

（1）

（2）

（3）

（4）

研究例 1　渦糸近似法を用いた流れの解析　　　　　　　　**145**

③　2 点から等時間間隔で渦糸を発生させた場合の渦糸群の運動（速度ベクトル）
(1)　　　　　　　　　　　　　(2)

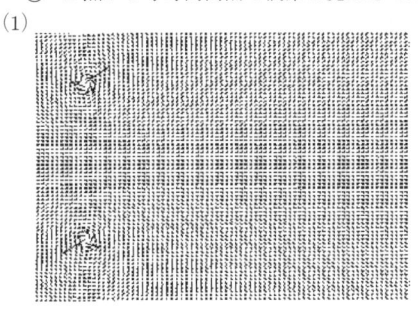

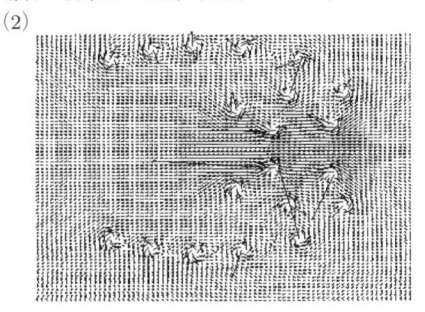

(3)

5. 考察

①　(1) 2 個の渦糸の強さが等しいため，ともに反時計回りに進む．この場合の渦の中心の軌道については，厳密には円軌道を描くはずであるが，オイラー法の誤差によってら線のような軌道を描いている．
　(2)　中心 $(0,0)$ の渦糸が反時計回り，中心 $(1,0)$ の渦糸は時計回りとなるので，渦糸はともに y 軸のプラス方向に並進する．
　(3)　中心 $(0,0)$ の渦糸の強さが，中心 $(0,1)$ の渦糸の強さを上回っているため，中心 $(0,0)$ の渦糸の影響を受けて，中心 $(0,1)$ の渦糸の方が速く進む．
②　4 個の渦糸の位置をそれぞれ A $(0,0)$, B $(1,0)$, C $(0,1)$, D $(1,1)$ とし，渦 A, 渦 B の渦糸を反時計回り，渦 C, 渦 D の渦糸を時計回りに設定すると，x 軸のマイナス方向に進み，進行途中で渦 A, 渦 C と渦 B, 渦 D が追い抜きを繰り返し続ける．
③　2 点から等時間間隔で中心 $(0,0)$ から反時計回り，中心 $(0,5)$ から時計回りに渦糸を発生させた場合，まず渦が集まる傾向がみられ，その後追い抜きを行い始める．

6. まとめと今後の課題
渦運動を渦糸の形で表現することにより，流れの変化の仕方が渦糸の運動で表されるので，はっきりしたイメージで渦運動を捉えることに成功した．
　今後の課題としては，さまざまな物体周りの渦のシミュレーションや，渦糸近似法の 3 次元への拡張などを行いたい．

参考文献
[1] 高見穎郎・桑原邦郎,「流れをシミュレートする」, 月刊フィジックス 21 (1983)

研究例2　生物対流　密度の大きい流体が密度の小さい流体の上にあるとき，重力の影響で密度の大きい流体に下向きの運動，密度の小さい流体に上向きの運動が起きる．このようにして生じる流体運動を**対流**という．ただし，粘性が大きい場合など流体の運動を妨げる力が重力に打ち勝つ場合には対流は起きない．流体に密度差の生じる原因が熱によるものは，特に**熱対流**という．やかんを底から熱した場合には底面近くの水が温まり密度が小さくなる結果，やかんの中に熱対流が生じるのはその典型例である．また熱い味噌汁をお椀に入れても対流が見られる．これは空気に接した味噌汁の表面が冷やされて密度が大きくなるからである．この場合，味噌の粒が流れの可視化の役割を果たし，上から観察するとある細胞状をしたパターンが形成されているのに気づくことがある．本研究も流体力学的には対流のパターン形成に着目したものであるが，対流を起こす原因が微生物である点に特徴がある．すなわち，ある種の微生物は重力と反対方向に泳ぐという習性をもっているが，多くの微生物が水面近くに集まると，密集度の大きい水面部分と密集度の小さい底面部分に密度差が生じ，対流が起きる．このような現象は**生物対流**とよばれ実験的にも確かめられている．この対流パターンに及ぼす重力の影響は興味深くいろいろ調べられているが，実験を行うためにはたとえば遠心分離器を用いて重力を変化させるなど大掛かりな装置が必要になる．一方，数値シミュレーションでは重力を変化させることは数値を変化させるだけなので簡単にできる．

2　生物対流の数値的研究

小西　真裕美

1. はじめに　地球上では重力があるおかげで上下の区別がついている．重力は束縛力であり地上にとどめようとする力になる．

　一方水中では生活の場は立体に発展し，多くの生き物が上下方向に自由に行きかっている．水という流体の特性に応じて多くの生き物が重力に打ち勝つために様々な工夫を凝らしている．

　テトラヒメナなどの繊毛虫やクラミドモナスなどの鞭毛藻を含む数種の微生物では水溶液の表面に特徴的な多角形のパターンが形成されることが知られている．これを鉛直断面から観察すると微生物が上昇運動と下降運動を行い，それによって対流が起きていることが見られる．このパターンが熱対流であるベナール型対流に見かけ上似ているため生物対流とよばれている．本研究の目的はこの現象を数値シミュレーションし，実際の観測の解析に役立てることにある．

2. 生物対流　テトラヒメナやクラミドモナスなどの微生物は周りの液体よりも重いにも関わらず，それらが水面近くに集まってくる．これらの多くは気液界面を目指しているのではなく，重力とは反対の方向に動こうとする性質を持つためで，これを負の重力走性とよぶ．水面に集中した微生物の密度が培養液の密度より高いため微生物が落下することと重力走性により上昇する効果が重なり合い，培養液に密度不安定が生じて対流が起きる．

　つまり，始めは均等に分布しているが，時間とともに次第に局所的な密度の隔たりができ，最終的には水面全体にわたる一定の繰り返しパターンが形成される．

研究例 2 生物対流の数値的研究　　　　　　　　　　　　**147**

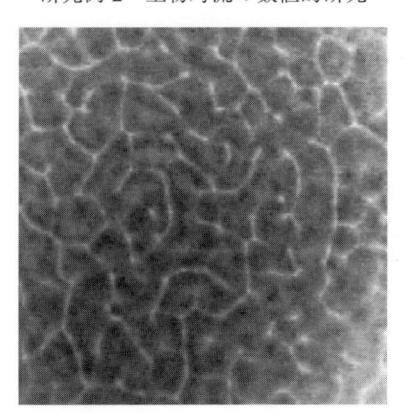

Fig. 1 生物対流による表面のパターン (実験)
(白く見えるところが微生物の密度が大きい)
お茶の水女子大学理学部生物学科, 最上善広先生提供

3. 基礎方程式　生物対流は流れが穏やかで乱流を考慮しなくてよいので, 連続の式 (1) と非圧縮性ナヴィエ-ストークスの方程式 (2) を支配方程式として解析する.

$$\nabla \cdot \boldsymbol{v} = 0 \tag{1}$$

$$\frac{\partial \boldsymbol{v}}{\partial t} + (\boldsymbol{v} \cdot \nabla)\boldsymbol{v} = \boldsymbol{K} - \frac{1}{\rho_0}\nabla p + \nu \Delta \boldsymbol{v} \tag{2}$$

さらに微生物の固体密度に関する方程式 (3) を加える.

$$\frac{\partial N}{\partial t} + \boldsymbol{v} \cdot \nabla N = \kappa_H \left(\frac{\partial^2 N}{\partial x^2} + \frac{\partial^2 N}{\partial y^2} \right) + \kappa_v \frac{\partial^2 N}{\partial z^2} - w_p \frac{\partial N}{\partial z} \tag{3}$$

$\boldsymbol{v} = (u, v, w)$ ：速度　　$\boldsymbol{K} = \left(0, 0, \dfrac{\rho}{\rho_0}g\right)$ ：外力

ρ_0：培養液の密度　　ν：粘性係数
N：微生物個体数密度　　p：圧力
κ_H：水平方向の拡散係数　　κ_v：垂直方向の拡散係数
w_p：個々の微生物が上方に向かう速度

これらの方程式を MAC 法を用いて解く.

4. 計算結果

4.1　1G での計算結果　容器の大きさは 8 cm × 8 cm × 1.2 cm とする. 培養液が水であると仮定して密度を 1.0 とした. ν は水の動粘性係数を用いた. 微生物の個体数密度の初期値は乱数で与え, 10^5 cell/ml に近くなるように調整した. 水面上の微生物の密度を種々の時間で等高線表示したものを次ページの Fig. 2 に, 鉛直断面内の速度を矢印で表したものを p.149 の Fig. 3 に表す.

(21 秒後)　　　　　　　　　(42 秒後)

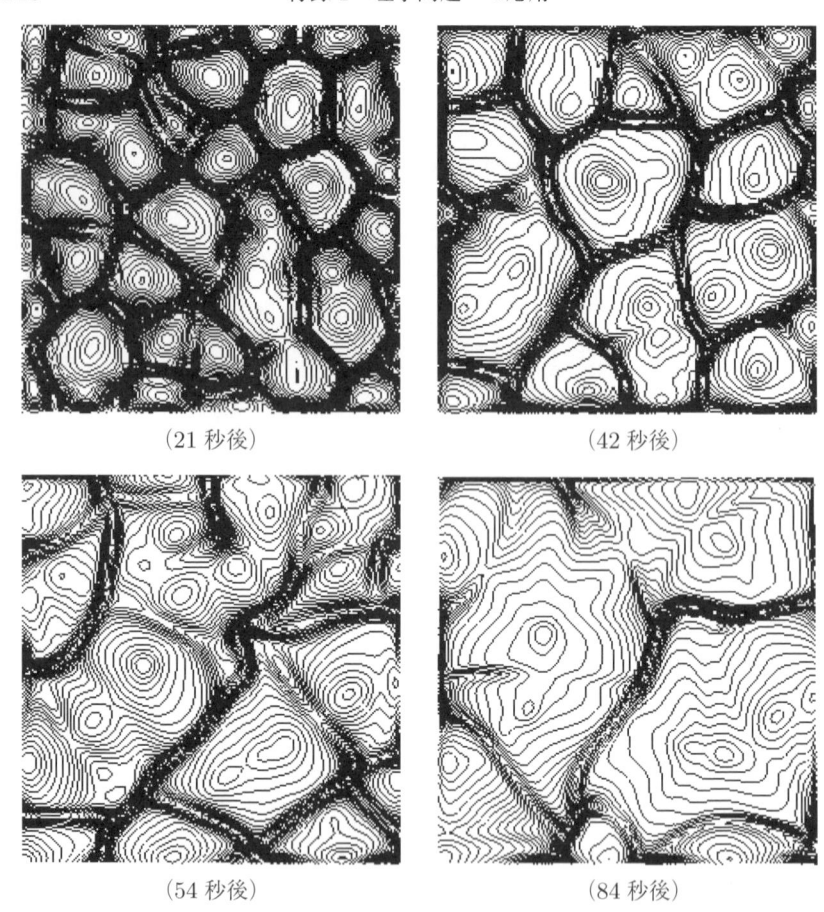

(54 秒後)　　　　　　　　　(84 秒後)

Fig. 2　水面上の微生物の密度

4.2　異なる重力下での計算結果　微生物に負の重力走性があることから重力に依存して動きが変わると予測し，重力を 0.2 G, 0.5 G, 2 G, 4 G, 6 G と変えて計算を試みた．重力以外の変数は計算結果 4.1 のときと同じである．Fig. 4 は上の重力下における 1, 2, 3 回目までのパターンができるまでの時間を，Fig. 5 はパターンの大きさをグラフにしたものである．また Fig. 6 は重力の差による 1 回目のパターンの違いを示す．

5.　考察

5.1　1 G での計算の考察　微生物は時間とともにその負の重力走性により上昇し，液体の表面に層が形成されている．その後，表面に微生物の塊がいくつもでき，18 秒後あたりから落下し始める．20 秒後には特徴的なパターンが形成されるが，しばらくするとパターンが崩され，2 回目のパターンが作られる．1 回目よりも 2 回目，2 回目よりも 3 回目と回数を重ねる

研究例 2　生物対流の数値的研究

time : 21.60000　　　step : 21600

（21 秒後）

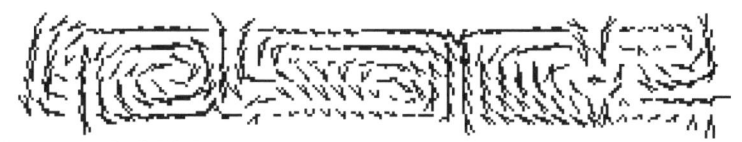

time : 42.00000　　　step : 42000

（42 秒後）

time : 54.00000　　　step : 54000

（54 秒後）

Fig. 3　鉛直断面内の速度ベクトル

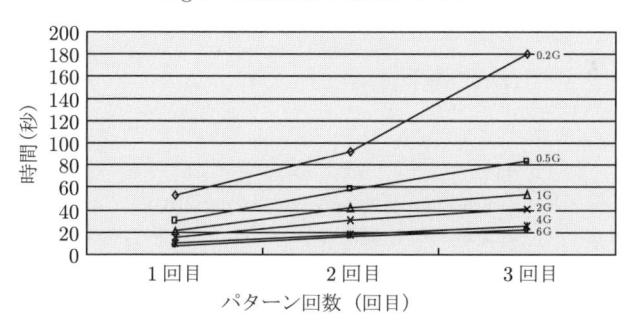

Fig. 4　異なる重力下におけるパターンができるまでの時間の推移

ごとに大きなパターンが出来上がっている．

　鉛直方向から見ると渦ができているのが見て取れる．渦と渦の間がパターンの帯のところに一致し，微生物の密度が大きいことがわかった．

　パターンが崩れたときに底の方の微生物の密度が一時的に大きくなるが，しばらくすると水面の密度がまた大きくなる．それを繰り返すことによりパターンが何度もできている．

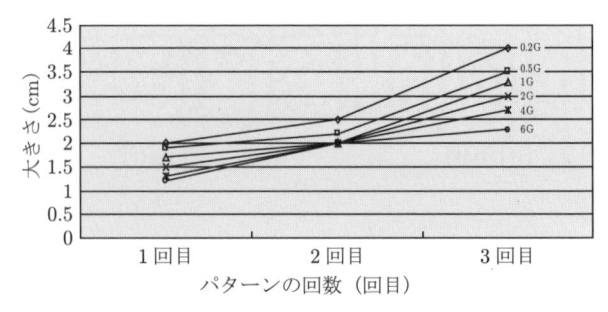

Fig.5 異なる重力によるパターンの大きさの違い

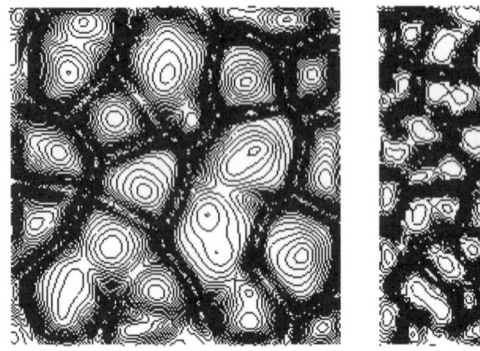

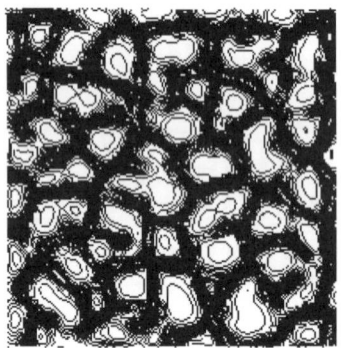

Fig.6 0.2 G での 1 回目のパターン (左) 6 G での 1 回目のパターン (右)

5.2 異なる重力下での計算の考察 重力が変わってもできるパターンの形はほぼ同じであったが，重力が大きいほど小さなパターンが早くできる．重力が小さいと負の重力走性によって上に行こうとする力が小さくなるためだと考えられる．

6. まとめ 生物対流の数値シミュレーションを行うことにより，実験 (Mogami, Y., Yamane, A., Gino, A. and Baba, S.A. (2004) Bioconvective pattern formation of *Tetrahymena* under altered gravity. *J. Exp. Biol.*, **207**, 3349-3359) で見られたような特徴的なパターンを確認できた．また，重力が変化すると，パターンの大きさなどに変化が起きることもわかった．今後の課題として実際の数値に近づけたものを使い，実験と比較したい．

参考文献
[1] 河村哲也：「流体解析I」，朝倉書店，1996
[2] 安藤常世：「工学基礎 流体の力学」，培風館，1973
[3] 兼子小百合：「生物対流現象の数値シミュレーション」1998年度お茶の水女子大学修士論文，1999

研究例3　血管手術における効果の数値的検証　151

研究例3　血管　流体シミュレーションの医学への応用の1つに**血管内の流れ**のシミュレーションがある．たとえば，人工血管を血管の狭窄部にバイパスとして取り付けたときの血流の流れ方を流体力学的に調べることなどがその例である．血管は一般に細長く分岐があるという点で精度のよいシミュレーションを行うことが困難である．さらに，生体のメカニズムは複雑で，流体力学的に答えが得られたとしてもそれをすぐに医学に応用できない．しかし，ある程度の目安を得るという意味では役立つものと思われる．本研究は，格子が粗く，また直交格子を用いているため血管壁面が階段状になっていること，また流量の保存が不十分であるなど改善すべき課題があり，結果を直接応用できる段階に達していないが，題材が興味深く，今後の発展が期待できるものである．

3　血管手術における効果の数値的検証

田中　悠紀

1. はじめに　近年，食べ物の変化などにより，動脈硬化や高血圧といった「血管に関わる病気」が増えている．

そこで，卒業論文の研究テーマとして，血管手術（特に浅側頭動脈-中大脳動脈吻合術）の様々な例をシミュレーションすることによって，どのような効果があるのかを解析して検証した．浅側頭動脈-中大脳動脈吻合術（STA-MCA）とは，脳の動脈が狭窄したり，閉塞したりして，脳の血流が十分でなくなった場合，それを補うために，頭皮の動脈血管（浅側頭動脈を使う）を脳の表面の動脈血管（中大脳動脈の枝を使うことが多い）につなぐ手術である．脳の血流が低下したまま放置しておくと，脳の血流がさらに低下したときに脳の神経細胞に十分な栄養が行かなくなり死亡に至るのを，この手術によってそのリスクを減らすことができる．

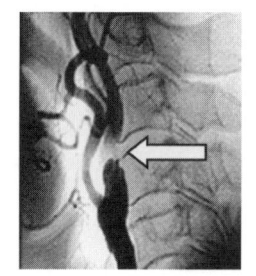

Fig.1　頚部内頚動脈狭窄の例（矢印部分）
愛媛県立新居浜病院脳神経外科
白石俊隆先生提供

2. 研究の目的　一つ目の目的として，「つなぎ方（吻合の角度）を変えることによって，血管の圧力や血液の流れがどのように変化するか，その効果を検証」する．また，現在のSTA-MCAでは，手術を短時間で終わらせるために，浅側頭動脈の分岐血管の一本のみを中大脳動脈につなぐことが多いが，二つ目の目的として，「浅側頭動脈の分岐血管を二本ともに中大脳動脈につないだ場合の効果の検証」をする．

3. モデル化　中大脳動脈（内頚動脈の終枝）と浅側頭動脈（外頚動脈の終枝）をモデルにする．中大脳動脈は脳全体に血液を送る動脈であり，そこに閉塞ができてしまう（血液が完全に詰まってしまう）と，脳梗塞になる．それを防ぐために，狭窄の状態で，浅側頭動脈を中大脳動脈につなぎ，この浅側頭動脈から中大脳動脈へ血液を送るモデルを考えた．

152　　　付録1　理学問題への応用

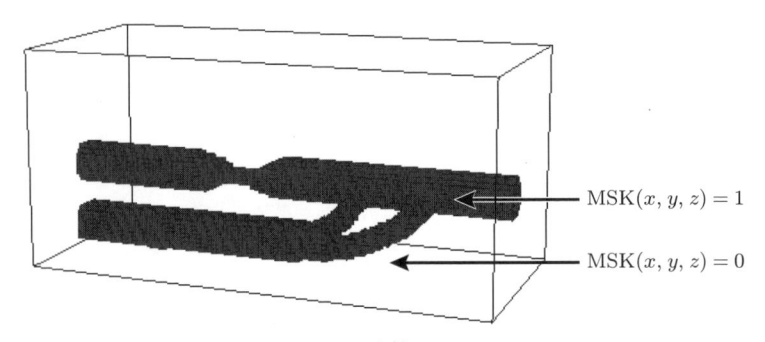

Fig. 2　血管モデル

4. 格子生成　格子は直交等間隔格子とする．計算に利用した格子は x, y, z 方向に 110×50×50 である．

5. 計算方法

5.1 基礎方程式　血管内の流れの基礎方程式として，血液はニュートン流体であると仮定して，通常の非圧縮性ナヴィエ-ストークス方程式 (1), (2) を用いた．

$$\nabla \cdot \boldsymbol{v} = 0 \tag{1}$$

$$\frac{\partial \boldsymbol{v}}{\partial t} + (\boldsymbol{v} \cdot \nabla)\boldsymbol{v} = -\nabla p + \frac{1}{Re}\Delta \boldsymbol{v} \tag{2}$$

式 (1) が流体の質量の保存を表す連続の式，式 (2) が流体の運動量の保存を表す運動方程式である．ここで，$\boldsymbol{v}$ は流速，p は圧力，Re はレイノルズ数である．この基礎方程式を標準的な MAC 法を用いて解いた．すなわち，式 (1), (2) から導かれる圧力のポアソン方程式 (3)

$$\Delta p^{n+1} = \frac{\nabla \cdot \boldsymbol{v}^n}{\Delta t} - \nabla \cdot \{(\boldsymbol{v}^n \cdot \nabla)\boldsymbol{v}^n\} + \frac{1}{Re}\Delta(\nabla \cdot \boldsymbol{v}^n) \tag{3}$$

を用いて n ステップ目での速度 $\boldsymbol{v}^n$ から未知の圧力 p^{n+1} を求める．次の時間ステップの速度は式 (2) の近似である式 (4)

$$\boldsymbol{v}^{n+1} = \boldsymbol{v}^n + \Delta t\left\{-(\boldsymbol{v}^n \cdot \nabla)\boldsymbol{v}^n - \nabla p^{n+1} + \frac{1}{Re}(\Delta \boldsymbol{v}^n)\right\} \tag{4}$$

から求めた．これに境界条件を組み込み，初期条件から始めて，繰り返し計算し，各時刻の速度と圧力を順次計算した．

5.2 血管の形状の計算法　血管は複雑な形をした物体であるため，形状を計算に組み込むのは容易ではない．そこで，血管を内部に含むような大きな長方形領域を考え，それを直交等間隔格子で分割した上で，血管の形状を現す三次元配列 MSK (x, y, z) を別に用意した．配列 MSK には血管内 = 1，血管外 = 0，血液の詰まった狭窄部分 = 0 という値を入力する．

$$\text{MSK}(x, y, z) = 1, \quad \text{MSK}(x, y, z) = 0$$

計算をする際に，初めは血管でない部分にも流れがあると仮定し，全ての格子で流れを計算する．そのようにして得られた速度の結果に先程作った配列 MSK を掛け合わせる．その結果，血管内部にある流体の速度はそのままの値になり，それ以外の部分で，速度は 0 になる．

研究例3 血管手術における効果の数値的検証 **153**

6. 計算結果 血管の流れの様子を以下の 4 通りの場合に分けて，解析を行った．また，中大脳動脈の半径 = 0.5，浅側頭動脈の半径 = 0.5，浅側頭動脈分岐一本目の半径 = 0.25，浅側頭動脈分岐二本目の半径 = 0.25 とし，分岐一本目の角度を θ_1，分岐二本目の角度を θ_2 とする．

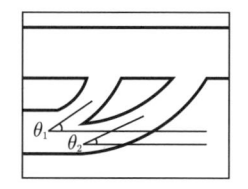

6.1 つなぎ方（吻合の角度）による解析

Case	θ_1 の角度	θ_2 の角度
1A	接続なし	$\theta_2 < 30°$
1B	接続なし	$\theta_2 = 30°$
1C	接続なし	$\theta_2 = 60°$

6.2 分岐血管二本ともにつないだ解析

Case	θ_1 の角度	θ_2 の角度
2A	$\theta_1 = 60°$	$\theta_2 = 30°$

それぞれの Case において，
① 繰り返し回数：20000 回
② レイノルズ数：1000
③ 時間刻み Δt：0.0005
④ 境界条件：$u = 3.0, v = 0.0$

で計算し，その xy 平面と yz 平面における 20000 回後の血管内の圧力結果を Fig. 3 ～ 10 に示す．

20000 ステップ後の圧力結果（L = 0.0, H = 10）

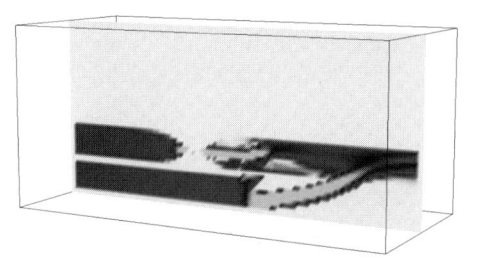

L　　　　　　　　　　　　H

Fig. 3　Case1A xy 平面における圧力

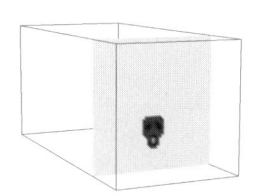

Fig. 4　Case1A yz 平面における圧力

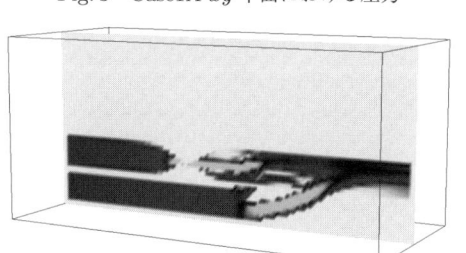

Fig. 5　Case1B xy 平面における圧力

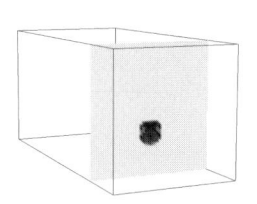

Fig. 6　Case1B yz 平面における圧力

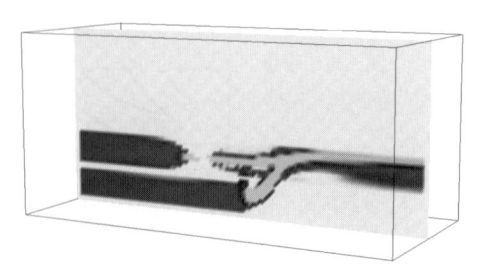

Fig. 7　Case1C yz 平面における圧力 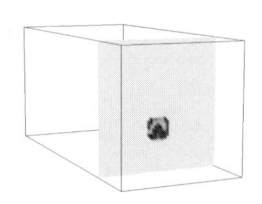   Fig. 8　Case1C yz 平面における圧力

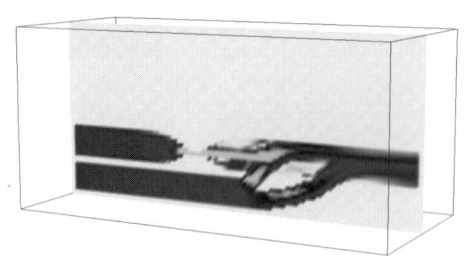

Fig. 9　Case2A xy 平面における圧力 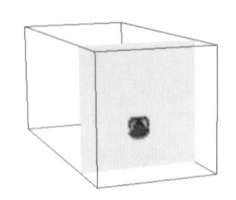   Fig. 10　Case2A yz 平面における圧力

7. まとめと今後の課題　Case1A, 1B, 1C の 3 結果から，吻合の角度を急にすると，吻合された血管の上部分の圧力が高くなることが示せ，瘤のできる危険性があるので，吻合角度は緩やかなほうが良いと考えられることがわかった．また，Case1B, 1C, 2A の 3 結果からは，浅側頭動脈分岐血管一本にかかる圧力の負担が二本吻合すると軽減されることがわかった．そして，Case1B, 2A の流れの結果からは，分岐血管が一本の場合では，その吻合部分の左部に渦が出来やすくなってしまうが，分岐血管を二本吻合すると，一本の場合よりも渦ができにくく，流れが均等になりやすいことがわかった．

　今後の課題としては，本研究では，簡単化のため，直交格子を使ったことにより，狭窄部分や吻合部分などが精度よく計算できていないので，格子生成方法を改めて考えて計算できるようにしたい．また，今回検証した以外での場合のシミュレーションも行っていきたいと思う．

参考文献
[1]　河村哲也：「流れのシミュレーションの基礎！」山海堂 2002
[2]　田辺達三：「血管の病気」岩波書店 1999
[3]　藤田恒太郎：「人体解剖学」南江堂 1962

研究例4　木星大気の循環のシミュレーション

研究例4　木星　天体や惑星の物理に対して数値シミュレーションは有力な研究手段である．本研究の最終目標は木星大気の縞状構造を出すことにある．地球と**木星の大気循環**の違いとして，大気の厚さの差や惑星の回転速度の差があるが，その他に加熱のされ方に大きな差がある．すなわち，地球の大気は太陽からの加熱がエネルギー源になっているため，緯度によって加熱のされ方が異なる．一方，木星では内部からの発熱によって対流が生じている．したがって，もっとも簡単な循環モデルは自己重力をもち，高速で回転する一様に過熱された球面上の流体運動ということになる．本研究はこのモデルによりシミュレーションを行ったものである．用いたパラメータが現実の木星のものとはかなり異なっているため，そのままでは現実の木星大気のシミュレーションであるとは主張できないが，モデル計算という意味はもっている．

4　木星大気の循環のシミュレーション

宮脇　梓

1. はじめに

2005年，2年ぶりに飛行を再開したスペースシャトルに野口聡一宇宙飛行士が搭乗，活躍し，日本中が盛り上がった．また，小惑星「いとかわ」には，はやぶさがタッチダウンに成功し，今後月や火星などにも探査機が送られる予定である．惑星探査もますます世界中で活発になることだろう．一方，私たちと同じ太陽系内惑星である木星はまだまだ未知の惑星である．木星はほとんどが気体や液体でできており，太陽系内では太陽に続いて巨大な星であり，太陽になりそこなった天体とも言われている．本研究では，木星の大気が，どのような循環をしていて縞や帯ができているのかをシミュレーションすることを目標とした．

2. 木星について

2.1　木星の内部構造

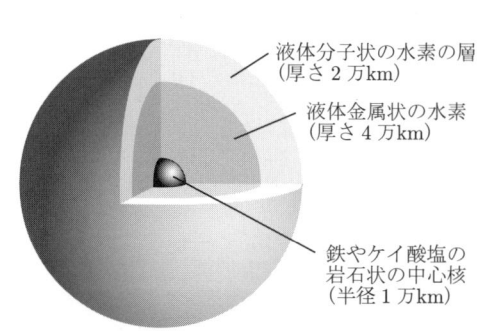

液体分子状の水素の層
（厚さ2万km）

液体金属状の水素
（厚さ4万km）

鉄やケイ酸塩の
岩石状の中心核
（半径1万km）

中心（0km）－1万km：岩石核
1万km－5万km：金属化した液体水素
5万km－7万km：液体水素
7万km－7万1000km：大気

付録1 理学問題への応用

表1. 太陽系惑星諸量の比較（月を含む）

	軌道長径比	離心率	公転周期比	赤道半径比	質量比	赤道重量比	密度比
水星	0.387	0.2056	0.24	0.382	0.055	0.38	0.98
金星	0.723	0.0068	0.62	0.949	0.815	0.91	0.95
地球	1.000[1]	0.0167	1.00	1.000[2]	1.000[3]	1.00[4]	1.00[5]
月	0.0026	0.0549	(27.3日)	0.272	0.012	0.17	0.61
火星	1.524	0.0934	1.88	0.533	0.107	0.38	0.71
木星	5.203	0.0485	11.86	11.21	317.8	2.37	0.24
土星	9.555	0.0555	29.46	9.45	95.16	0.94	0.13
天王星	19.22	0.0463	84.02	4.01	14.54	0.89	0.23
海王星	30.11	0.0090	164.8	3.88	17.15	1.11	0.30
冥王星	39.54	0.2490	247.8	0.178	0.0023	0.07	0.40

1) 1 天文単位 $= 1.496 \times 10^8$ km　2) 6378 km　3) 5.947×10^{24} kg
4) 9.8 m/s^2　5) 5.52 g/cm^3　（理科年表 2002 より抜粋，編集）

2.2 大気の成分　組成は太陽と酷似している．

$$水素：90\%, \quad ヘリウム：10\%$$

2.3 木星の大気について　木星の特徴である縞模様は，明るい部分を帯，暗い部分を縞とよんでいる．また，太陽から受ける以上の熱が内部から供給されており，なおかつ自転しているため，大気は，"内部から熱いガスが運ばれ上昇し，冷やされて下降する"，という流れをしている．すなわち熱い上昇ガス流の部分が帯で温度が低くなっており，白っぽくなっている．逆にガスが下降して暖められる部分は縞である．自転しているので，帯と縞が赤道に平行に分布していることになる．

3. 現象のモデル化　大気部分での気体の流れを計算するため，大気のみを**球面座標系** (r, θ, ϕ) を使って計算する．ここで，木星液体水素表面を大気の底面とし，大気の厚みを半径の 1/10 とした．

4. 計算方法

4.1 基礎方程式　質量保存を表す連続の方程式 (1)，非圧縮性ナヴィエ-ストークス方程式 (2) を支配方程式として解くことができる．

$$\nabla \cdot \boldsymbol{v} = 0 \tag{1}$$

$$\frac{\partial \boldsymbol{v}}{\partial t} + (\boldsymbol{v} \cdot \nabla)\boldsymbol{v} = -\nabla p + \frac{1}{Re}\Delta \boldsymbol{v} + \frac{Gr}{Re^2}T\boldsymbol{k} \tag{2}$$

さらに熱対流を問題にしているためエネルギー方程式 (3) も用いて計算した．

$$\frac{\partial T}{\partial t} + (\boldsymbol{v} \cdot \nabla)T = \frac{1}{Re}\frac{1}{Pr}\Delta T \tag{3}$$

$\boldsymbol{v}$：速度ベクトル　　p：圧力　　　　　T：温度　　　Pr：プラントル数
Re：レイノルズ数　Gr：グラスホフ数　$\boldsymbol{k}$：重力方向の基底ベクトル

研究例 4　木星大気の循環のシミュレーション　　**157**

　本研究では，MAC 法を用いた．MAC 法は速度・圧力について直接ナヴィエ-ストークス方程式を解くため，3 次元問題にも適用でき，境界条件が課しやすい．
　速度の計算には，高レイノルズ数においても安定した計算ができるように，ナヴィエ-ストークス方程式の非線形項に，**3 次精度上流差分法** (4) を用いて近似した．

$$f\frac{\partial u}{\partial x} \sim f\frac{-u_{i+2}+8(u_{i+1}-u_{i-1})+u_{i-2}}{12\Delta x}$$

$$+\frac{|f|}{12}\frac{u_{i+2}-4u_{i+1}+6u_i-4u_{i-1}+u_{i-2}}{\Delta x} \tag{4}$$

4.2　格子生成　計算格子は，半径方向（r 方向）に 32 分割，緯度（θ）方向（$0 \sim 360°$）に 74 分割，経度（ϕ）方向（$0 \sim 180°$）に 76 分割とした（Fig. 1 (a)）．ただし，見やすくするため，結果の表示には Fig. 1 (b) のように半径方向にひきのばした格子を用いている．

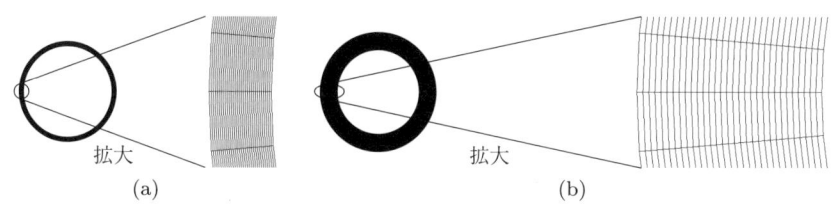

Fig. 1　経度方向の断面内の格子

5. 境界条件　木星表面では，ϕ 方向に回転速度 $v_\phi = R\omega$ を与えた．ただし ω は角速度，R は中心から表面までの距離である．また内部の温度を無次元化して 1 とし，大気上端ではすべり壁条件を課し，温度を 0（無次元）とした．

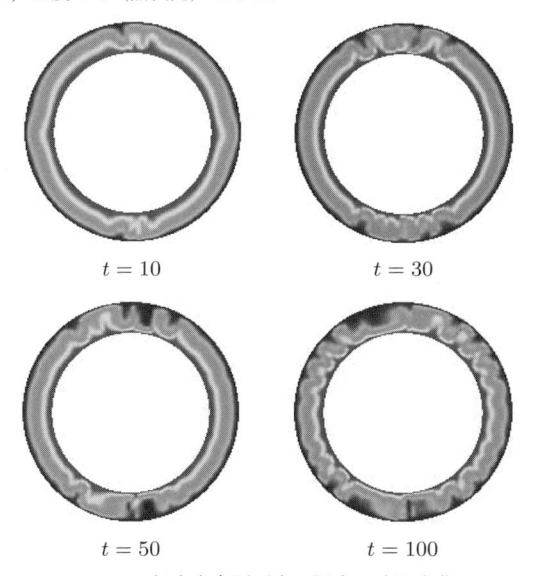

$t=10$　　$t=30$

$t=50$　　$t=100$

Fig. 2　経度方向断面内の温度の時間変化

6. 計算結果 以下の結果は $Re = 10000$, $Pr = 0.7$, $\omega = 0.657$ で計算したものである．また，t は無次元時間を表す．

Fig.2 に経度方向の断面内の大気の循環の時間経過を温度分布（シェーディング）で示す．ここで，時間が経過するにつれて内部の熱をもった流体が激しく上昇し対流が発生していることが分かる．

Fig.3 は，木星の外側から，温度（T）と圧力（p）をそれぞれの時間で比較した図である．ただし，高温部（縞）・高圧部を濃く，低温部（帯）・低圧部を薄くなるよう表示させている．

Fig.4 は，大気層の下にある，液体水素層の熱の動きを計算した結果であり，液体水素表面の温度分布と経度方向断面内の温度分布を示している．境界条件は，熱と回転速度は大気層の場合と同じで，厚みは実際の液体水素層の厚みと同じ比率とした．Fig.4 から，液体水素層の表面は多少むらがあるものの温度がほぼ一定であることが分かる．よって，大気層を計算する時に"内部の温度を一定"として計算したのは妥当だと考えられる．

7. まとめと今後の課題 本研究によって，木星のように内部が一様に高温で自転している場合，熱対流が発生して帯と縞ができることをシミュレーションによって示すことができた．温度と圧力を比較したところ，時間が経過して模様が現れる頃から，圧力の高い領域と低い領域が，帯と縞にほぼ一致している様子が見て取れる．今後は，熱対流をさらに詳しく調べるために格子を細かくし，より木星の大気条件に近づけ，縞と帯の間に発生する渦をシミュレーションする予定である．

参考文献
[1] 小尾信彌:「新・太陽系の科学」，日本放送出版協会，1993
[2] 安藤常世:「工学基礎 流体の力学」，培風館，1973
[3] 松信八十男:「地球環境論入門」，サイエンス社，1998

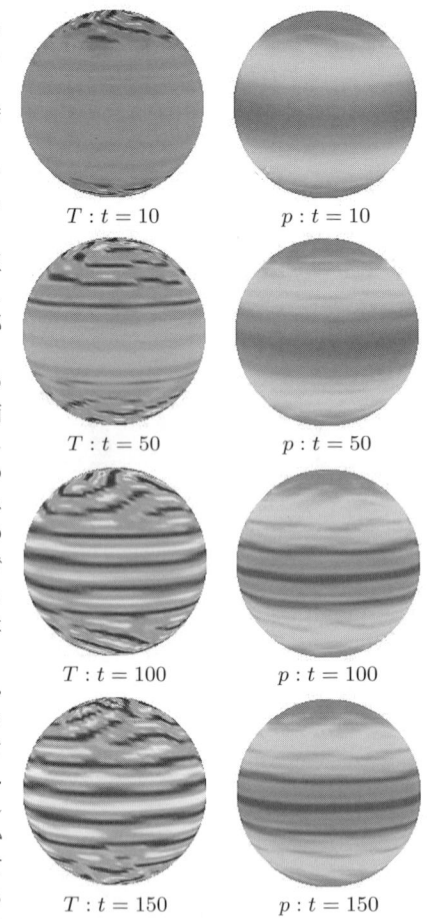

Fig.3 温度と圧力の時間変化

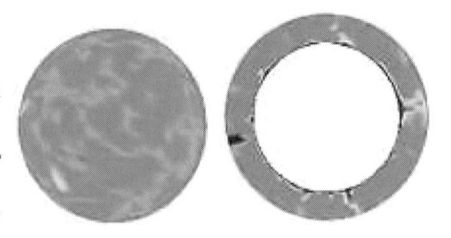

Fig.4 液体水素の温度

研究例5 温帯低気圧

気象分野は大規模数値シミュレーションが最も活躍している分野の1つであり，典型例として**数値予報**が挙げられる．数値予報の高精度化には，初期データの収集も大切であるが，1.2節でも述べたように気象に関わる多様な要因をいかに正しくモデル化するかという点も大きな意味をもつ．したがって，モデルは複雑化の一途をたどり，また計算にはスーパーコンピュータを駆使する必要がある．一方，気象現象の本質を物理的に理解するためには，枝葉末節を捨てて重要部分を抜き出す必要がある．本研究はこの点に着目して，簡単なモデルによって**温帯低気圧**の発生・発達過程がどの程度再現できるかという点に主眼を置いている．パーソナルコンピュータで計算可能な範囲ということでシミュレーションに用いたパラメータも結果が出やすいものであるが，温帯低気圧の本質は捉えられていると思われる．

5 温帯低気圧の簡易モデル

安田 史

1. はじめに 私たちの生活と天気は密接に関係している．そして，その天気の変化の大きな原因は温帯地域に発生する温帯低気圧にある．そこで本研究では温帯低気圧に注目した．温帯低気圧は**偏西風**がきっかけとなり発生する．偏西風は赤道付近の暖かい空気と北極付近の冷たい空気の温度差により勢いを増し，南北に波打つように進む．気圧の谷が近づくと地上から近いところで反時計回りの空気の流れが生まれる．この流れの東側では暖かい空気が北へと移動して**温暖前線**をつくり，西側の冷たい空気は南へと回り込んで**寒冷前線**が生まれる．さらに**気圧の谷**が接近すると反時計回りの空気の流れも強くなって，ついに温帯低気圧が発生する．本研究では暖気と寒気を**コリオリ力**に見立てた力によって釣り合わせることにより，不安定な**前線面**を作り出し，温帯低気圧の簡易モデルとみなす．長波長の波動が起きることとそのときの雲の状態を数値シミュレーションにより検証する．

2. モデル化 x方向を東西方向，y方向を南北方向，z方向を高度とし，主に対流圏で起こる現象ということを考慮して高度よりも東西南北の領域を広くとり温帯低気圧をモデル化する（Fig. 1）．

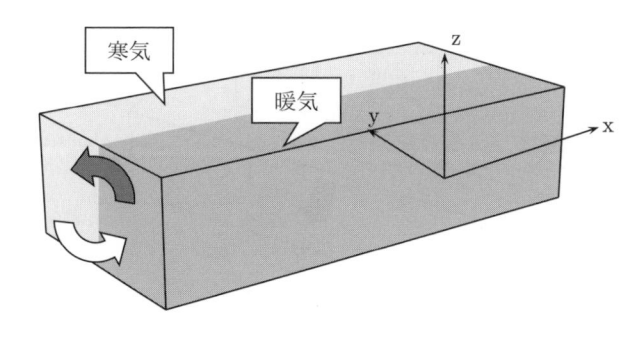

Fig. 1 モデル化

3. 格子生成 格子は，直交等間隔格子とする．ただし，対流圏の空気の流れには鉛直方向の変化の結果が重要であると考え z 方向の間隔は x, y 方向の 4 分の 1 と細かくした．計算に使用した格子数は x, y, z 方向に $80 \times 40 \times 80$ である．

4. 基礎方程式 風の流れは，非圧縮性の流れとみなすことができるため，連続の方程式 (1) と非圧縮性ナヴィエ-ストークス方程式 (2) およびエネルギー方程式 (3) の 3 式を支配方程式として解くことができる．

$$\nabla \cdot \boldsymbol{v} = 0 \qquad (1)$$

$$\frac{\partial \boldsymbol{v}}{\partial t} + (\boldsymbol{v} \cdot \nabla)\boldsymbol{v} = -\frac{1}{\rho}\nabla p + \frac{\mu}{\rho}\Delta \boldsymbol{v} + \boldsymbol{f} \qquad (2)$$

$$\frac{\partial T}{\partial t} + (\boldsymbol{v} \cdot \nabla)T = K\Delta T \qquad (3)$$

$\boldsymbol{v}$：速度ベクトル　　p：圧力　　μ：粘性率　　ρ：密度
$\boldsymbol{f} = (2v\Omega\sin\phi, -2u\Omega\sin\phi, -g)$：外力項
{Ω：自転速度　ϕ：緯度　g：重力加速度　u：x 方向速度　v：y 方向速度 }
T：温度　　K：熱拡散率　　t：時間

本研究ではこれらの方程式の数値解法にフラクショナルステップ法を用いた．方程式 (2) の非線形項の差分近似については，3 次精度上流差分を用いた．時間微分には前進差分，その他には中心差分を用いた．

5. 簡易モデル 本研究では Fig. 1 に示すように南北方向に暖気と寒気を，鉛直面を境界として接して置き，暖気は緯度の低い赤道付近で暖められた空気，寒気は緯度の高い北極付近で冷やされた空気とみなした．この状態で時間が経過すると暖気は上へ，寒気は下へと移動しようとする．しかし，実際の地球上では自転の影響により大気に対して力が働きこの移動をさまたげる．この見かけの力をコリオリ力という．

6. コリオリ力 実際の偏西風の様子に一致するよう高度が増すほど速度が大きくなるように風速を設定する．速度が大きいほどコリオリ力が大きくなる．よって，コリオリ力の影響により暖気と寒気の移動はなくなり，釣り合った状態になり初期の状態を保とうとする．ただし，この釣り合いは不安定である．

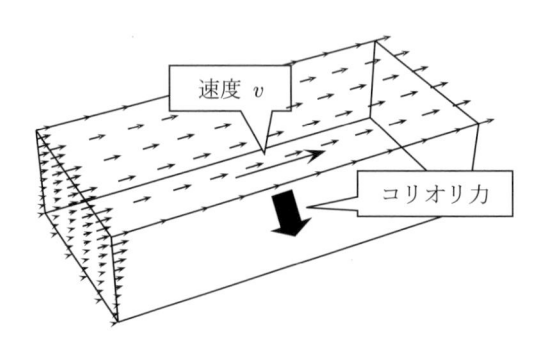

Fig. 2　コリオリ力

7. 雲の定義 雲は，大気の温度が下がり，水蒸気が凝結したものである．本研究では大気中に無数にある水蒸気を温度を持った有限個の粒子と考え，その動きを追跡する．粒子の位置は $r^{t+1} = r^t + v^t \cdot \Delta t$ で求まる．ここで粒子の速度 v^t は周りの 8 つの格子点から補間するものとする．本研究では，各粒子が存在する周りの格子点における温度が，設定した温度を下回った時点で雲と判定する．本研究では降雨による水分量の減少はないと仮定しているため，温度が設定温度を超えるとまた水蒸気に戻るものとする．また，雲の発生に伴う流れへの影響は考慮していない．

8. 雲の出力 以上の方法では，各粒子ごとに速度・位置の計算をしているため，その数が計算時間に及ぼす影響は大きい．そこで少ない粒子での計算を実現するため，各格子において粒子の密集度を表す量を以下のように定義して，これを雲として出力することにした．ここで，$i\max$ は粒子数，d_i は i 番目の粒子と格子点との距離とする．

$$Cld(j, k, l) = \sum_{i=1}^{i\max} \exp(-d_i^2)$$

このように定義することにより，有限個の粒子の隙間をうめることができ，さらに一箇所に複数の粒子が集まったときの様子を，より正確に表現できると考えられる．

9. 計算結果 以下の結果は $Re = 18000$, $\Omega = 0.4$ で計算したものである．南北方向として，緯度が 30 度～60 度の範囲を考えている．まず，Fig. 3 ～ Fig. 4 に地表面付近の速度ベクトルの図を示す．

ここではこのモデルでの偏西風波動にあたる波が大きく波打っている様子が見て取れる．

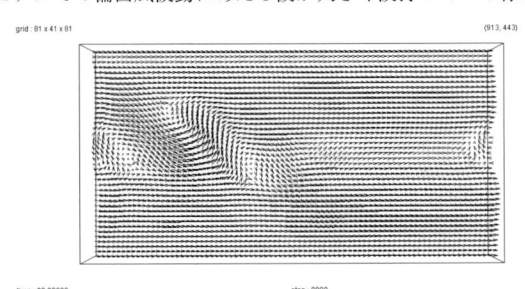

Fig. 3　地表面付近の風速 ($t = 80$)

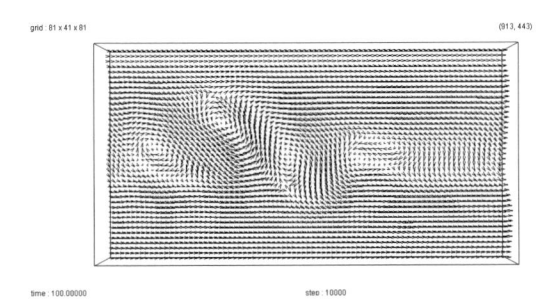

Fig. 4　地表面付近の風速 ($t = 100$)

162　付録1　理学問題への応用

Fig. 5 に y 方向から見た鉛直面内の等圧線を示す．

破線のように気圧の尾根と気圧の谷を見ることができ，発達しつつある偏西風波動の東西鉛直断面内の構造と一致する．

Fig. 6 〜 Fig. 8 は地表面付近の等圧線である．

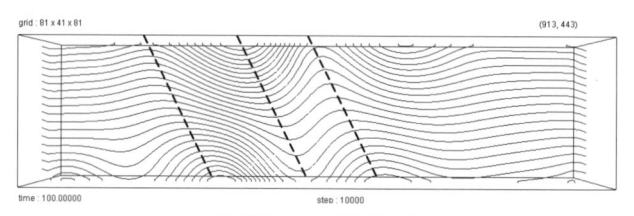

Fig. 5　鉛直面内での等圧線 ($t = 100$)

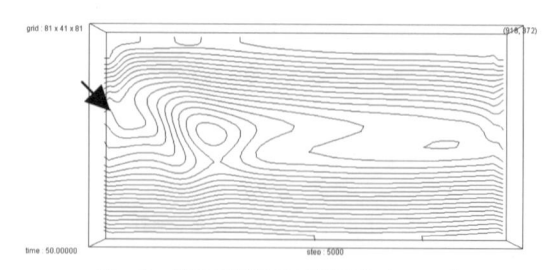

Fig. 6　地表面付近での等圧線 ($t = 50$)

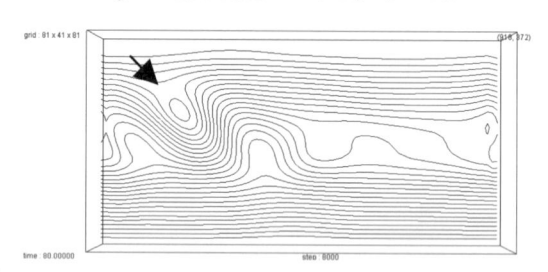

Fig. 7　地表面付近での等圧線 ($t = 80$)

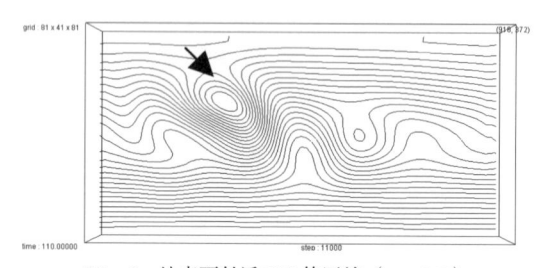

Fig. 8　地表面付近での等圧線 ($t = 110$)

研究例 5　温帯低気圧の簡易モデル　　　　　　　　　　　　**163**

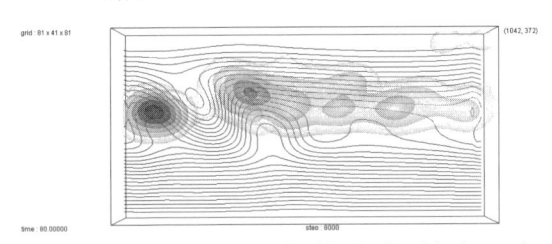

Fig. 9　水平面内での雲と地表面付近の等圧線 ($t = 80$)

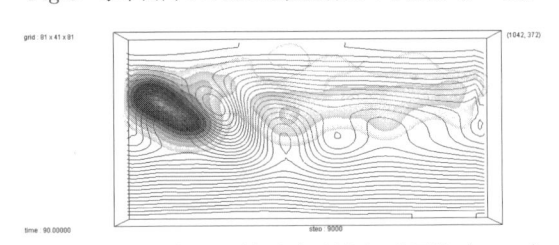

Fig. 10　水平面内での雲と地表面付近の等圧線 ($t = 90$)

　温帯低気圧や移動性高気圧と思われる波動が西から東へ動く様子がみられる．Fig. 9 〜 Fig. 10 は z 方向高度の高いところから地表面に向かって見たときの雲と等圧線を表示させたものである．
　温帯低気圧と思われる波動の左側に常に厚い雲があることが見て取れる．温帯低気圧の左側に寒冷前線，右側に温暖前線ができるはずなので，この厚い雲は寒冷前線にある雲つまり積乱雲と考えることができる．

10. まとめと今後の課題　本研究で用いた簡易モデルによって，東西方向に気圧の尾根・谷および温帯低気圧，移動性高気圧と思われる波動が生じ，その発生や発達過程と雲の状態をシミュレーションすることができた．今後の課題として球座標系にすることでより実際の現象の状態に近づけること，雲の表示は単純な温度によるものであったが鉛直方向の動きに応じて露点を考慮した雲の表示にすること，雲の発生による流れの影響を考慮すること，計算領域などを実際の大気条件に少しでも近づけることなどがあげられる．

参考文献
[1]　河村哲也："流体解析 I"，朝倉書店，1996
[2]　河村哲也："流れのシミュレーションの基礎！"，山海堂，2002
[3]　土屋なお子："安定成層中の山越え気流による雲の発生"，2004 年度お茶の水女子大学卒業論文，2005
[4]　岸保勘三郎・田中正之・時岡達志："大気の大循環"，東京大学出版会，1982
[5]　小倉義光："一般気象学"，東京大学出版会，1984

付録2
工学問題への応用

　付録2は工学に応用される流れのシミュレーションの例をいくつか紹介する．具体的には，建築・土木・環境工学に関連するビル風とヒートアイランド現象の数値シミュレーションおよび機械工学に関連する風車まわりの流れと屈曲する物体まわりの流れのシミュレーションである．最後のシミュレーション例は生物学にも関係する．このようなシミュレーションでは本書で述べた方法が駆使されており，本書のまとめにもなっている．なお，付録1と同じく，これらはすべて大学4年生が卒業研究として基礎からはじめて1年間をかけて研究したものである．

166   付録2 工学問題への応用

研究例6　ビル風　ビル風は複雑な流体現象を日常に実感するもののひとつで，ビルの近くを歩行中に予想もしないような風向や強さの風を経験することがある．この研究はそういったビル風に着目し，大学の校舎によるビル風の予測を目的としたものである．特に新しい校舎の建設前後で風の吹き方がどのように変わるかといった身近な問題を題材にしている．直方体格子を用いているため，複雑な配置をしている校舎群を正確には表現しきれていないが，それでも建設前後の差は定性的に捉えられている．

6　ビル風のシミュレーション
―生活科学棟をモデルとして―

白谷　栄梨子

1. はじめに　ビル風問題は都心の高層ビル建設に伴って社会問題化したが，近年高層化したマンション建設により，都心だけでなく住宅街などにおいても風による問題が生じている．このように，ビル風は私たちにより身近に感じられつつある問題である．

そこで，本研究では具体的に身近な高層建造物である，お茶の水女子大学生活科学部の新棟（総合研究棟）を例にとり，それを建設することによってどのように風の流れが変化し影響を及ぼしているのかを，数値シミュレーションを行って調べる．

この棟の周りには，理学部校舎群があり特に理学部3号館は7階建ての高層建造物と考えられる．主なビル風の種類をこの数値シミュレーションで実証し，実際目に見える形にして比較検討することを目指した．

2. モデル化　本研究では，具体例としてお茶の水女子大学総合研究棟生活環境研究センターを中心とした棟（生活科学部校舎群，理学部校舎群，付属図書館等）に注目し，お茶の水女子大学施設課から提供を受けた資料により，下図のようにモデル化した．

座標系として，3次元不等間隔直交座標を用い，xz平面を地表面，y方向を上空方向にとった．計算領域は地表面が $350\,\text{m} \times 350\,\text{m}$，上空方向を $60\,\text{m}$ にした．

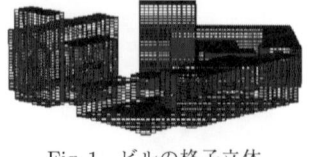

Fig.1　ビルの格子立体

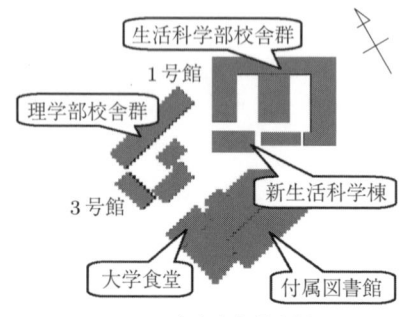

Fig.2　上空から見た図

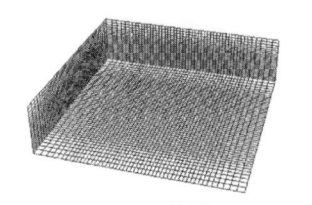

Fig.3　格子

3. 格子生成　格子数は，x軸，z軸方向に100，y軸方向に50とした．xz平面は，生活科学棟の中心から $\pm 100\,\text{m}$ を細かくし，外に向かって粗くなるように，y方向は，地面から $40\,\text{m}$ を細かくし，上空に向かって粗くなるような不等間隔格子を用いた（Fig.3）．

4. 計算方法

4.1 基礎方程式 風速は音速に比べて非常に小さいので,非圧縮性流体の流れとみなせる.したがって,質量保存を表す連続の式 (1) と非圧縮性ナヴィエ-ストークス方程式 (2) に支配される.

$$\nabla \cdot \boldsymbol{v} = 0 \tag{1}$$

$$\frac{\partial \boldsymbol{v}}{\partial t} + (\boldsymbol{v} \cdot \nabla)\boldsymbol{v} = -\nabla p + \frac{1}{Re}\Delta \boldsymbol{v} \tag{2}$$

$\boldsymbol{v}$:速度, p:圧力, t:時間, Re:レイノルズ数

4.2 ビルの境界 複雑な形状のビルを計算に組み込むために,ビルの形状を表す3次元配列 BUILD(x, y, z) を用意し,ビル内部 = 0,流体部分 = 1 を読み込む.はじめは建物がないと仮定して計算し,得られた結果に配列 BUILD を掛けることにより,建物内部の圧力,速度が 0 になる.

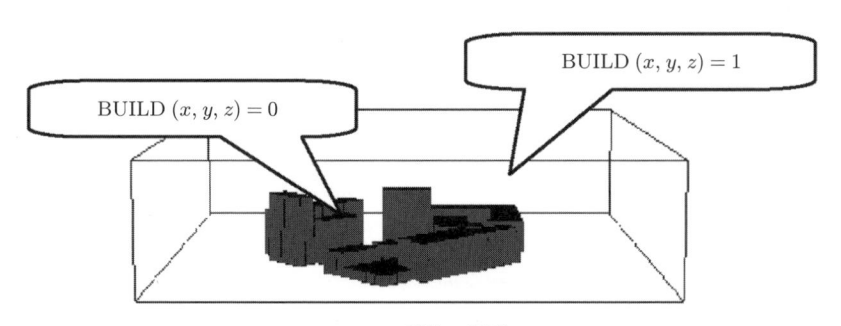

Fig. 4 建物の配列

5. 計算結果
地上 1.5 m 付近の風速場を,新生活科学棟の建設前・後においてそれぞれ p.168, 169 の Fig. 5〜14 に示す.また,建設前・後の差がわかりやすくなるように,Fig. 9, Fig. 14 では建設後から建設前の風速ベクトルの差を表示した.

施設課から提供された資料により夏期の主風向 (南東風),冬期の主風向 (北西風) について検証を行った.

6. まとめ
校舎に遮られた風は,逆流したり上下左右に沿って流れた.
校舎がない場合その部分が風の通り道となり,風が分散しやすいことがわかった.建設により風は集まりやすくなり,校舎の風下側では風が強まることがわかった.

7. 今後の課題
今後の課題として,実測値と比較すること,今回は直交座標系を用いたため,斜め方向の建物が精度よく計算できなかったので,曲線格子の生成を考えて曲面などの複雑形状の建物に対応していくこと,また実際には地面からの照り返しや建物から発生する熱による気温分布についても考えていきたい.

参考文献
[1] 河村哲也:「流れのシミュレーションの基礎!」,山海堂,2002
[2] 安藤常世:「工学基礎 流体の力学」培風館,1973

夏期の風（南東風）

Fig.5～9 から，生活科学部棟の東側の壁と図書館の東側の壁で剥離流が起こった．その結果，生活科学部棟の北側で渦をまきながら上空へ吹き上げがみられ，南西から流れる風が理学部棟に遮られることにより，理学部1号館の背後である北側でも風が吹き上げられた．

また，校舎の建設により新生活科学棟の背後である西側において，風が舞い上がる現象がみられ，風の大きさも新生活科学棟と理学部1号館の北側で大きくなった．

*夏期の地表面付近での風による粒子の動き（上空から見た図）

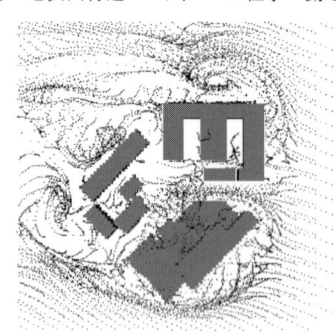

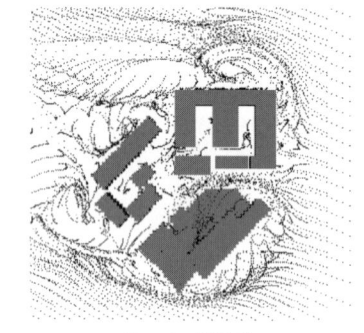

Fig.5　建設前　　　　　　　Fig.6　建設後

*夏期の地表面付近での風による粒子の動き（南から見た図）

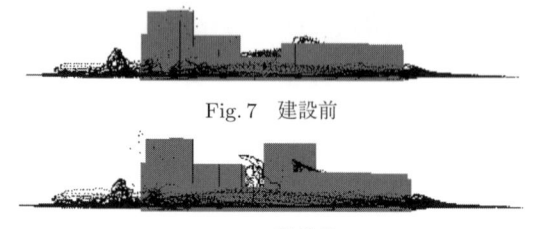

Fig.7　建設前

Fig.8　建設後

*夏期の建設前・後における風の差（上空から見た図）

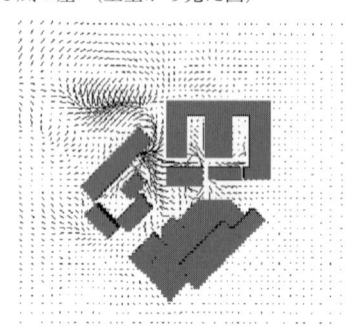

Fig.9　建設前後の風速ベクトルの差（地上 1.5 m）

研究例 6　ビル風のシミュレーション　　　　　　　　　**169**

冬期の風（北西風）
　Fig. 10～14 から，理学部 1 号館の東側で剥離流が起こり，1 号館の南側では風が渦をまきながら上昇する現象がみられた．また，図書館の東側でも同様の現象がみられた．夏期とは異なり生活科学部棟の東側で，渦が発生している様子が観察できた．
　新生活科学棟が建ったことにより，その南側と図書館の東側において風速が大きくなった．

*冬期の地表面付近での風による粒子の動き（上空から見た図）

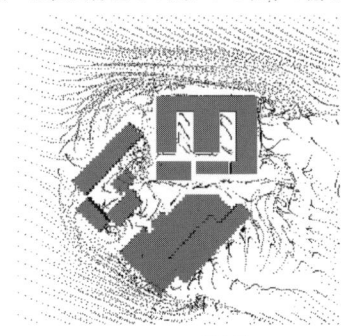

　　　Fig. 10　建設前 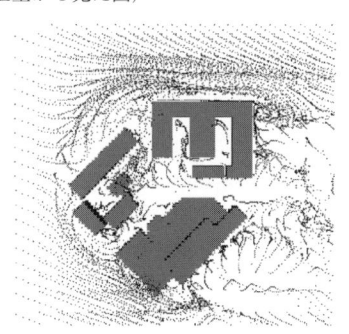　　　　　　　Fig. 11　建設後

*冬期の地表面付近での風による粒子の動き（南から見た図）

　　　　　　　Fig. 12　建設前

　　　　　　　Fig. 13　建設後

*冬期の建設前・後における風の差（上空から見た図）

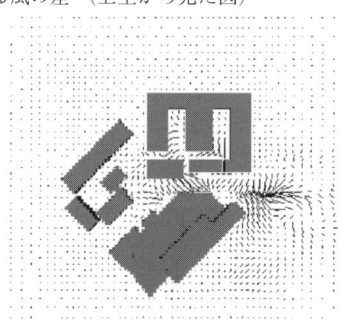

　　　Fig. 14　建設前後の風速ベクトルの差（地上 1.5 m）

研究例7　ヒートアイランド　地球温暖化が大きな問題になりつつあるが，大都市部ではそれ以上に**ヒートアイランド現象**による昇温が深刻になっている．本研究は東京など具体的な都市のヒートアイランド現象を考える前段階として，ヒートアイランド現象の基本的なメカニズムを知る目的で仮想的な都市を考えてシミュレーションを行っている．そして，都市部の空気の流れの様子を調べるとともに，全体的な流れの様子や**ヒートアイランド循環**による汚染物質の輸送などを見積っている．付録で取り上げた他の多くの研究と同じく，パラメータとしては現象がはっきりするようなものを選んでいるため現実とは異なっているが，**屋上緑化の効果**，河川や道路の影響などが定性的に捉えられている．

7 高層ビル群によるヒートアイランド現象

岡島　有希

1. はじめに　ヒートアイランド現象とは，都市の中心部の気温が郊外に比べて島状に高くなる現象であり，都市に特有の環境問題として近年注目を集めている．その主な原因として，オフィスや家庭，コンピュータや自動車などで使うエネルギーの増加，それによって都市周辺に生じる煙霧層が作り出す温室効果，都市の建物の凹凸やコンクリートやガラス等の日射による高温化等が挙げられる．これらのことが悪循環になって，都市の気温は年々上がり続けている．事実，地球の平均気温が100年間に0.6℃上昇しているのに比べ，東京の気温は3℃以上上昇しており，これは地球温暖化の5倍以上のスピードで上昇していることになる．

また，都市部では建物や道路の蓄熱，人口排熱などによって郊外よりも温度が高くなるために上昇気流が生じ，地上では郊外から都心へ，上空では逆の循環流が発生する．これを「ヒートアイランド循環」という．さらに，この上昇気流は「**ダストドーム**」と呼ばれる都市上空で汚染物質をドーム状に覆う現象を発生させる．このように，ヒートアイランド現象は，単なる熱汚染問題であるのみならず，大気汚染問題でもあると考えられる．

そこで本研究では，都市部で発生した熱や汚染物質が大気中にどのような影響を与えるかを数値シミュレーションによって実証することを目的とする．

さらに，ヒートアイランド現象の対策として近年注目されている屋上緑化や河川の影響についても考える．

2. モデル化　本研究では，具体例として約200 mの高層ビル10棟を都市部として，下図のようにモデル化をする．都市から離れるにつれて郊外が広がっているとする．座標系は3次元不等間隔格子を用い，xz平面を地表面，y方向を上空方向にした．

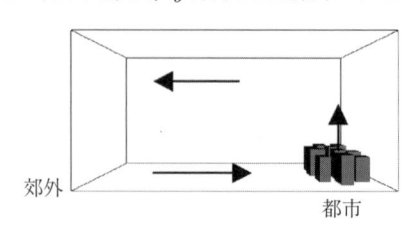

Fig.1　計算領域

研究例 7 高層ビル群によるヒートアイランド現象　　　　　171

3. 格子生成　格子数は，x, y 方向に 70，z 方向に 50 とした．高層ビル群の周りの流れをより詳しく観察するために，高層ビル群部分の格子を細かくして，高層ビル群から離れていくにつれて格子が粗くなるような不等間隔格子を用いた．

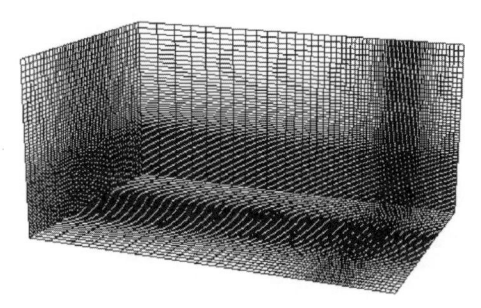

Fig. 2　計算格子

4. 計算方法

4.1 基礎方程式　大気中の流れは非圧縮性流体とみなせるので，連続の式 (1) と，非圧縮性ナヴィエ-ストークス方程式 (2) を支配方程式として解析することができる．また，熱を取り扱うため，熱に関する方程式 (3) も用いた．

$$\nabla \cdot \boldsymbol{v} = 0 \tag{1}$$

$$\frac{\partial \boldsymbol{v}}{\partial t} + (\boldsymbol{v} \cdot \nabla)\boldsymbol{v} = -\nabla p + \frac{1}{Re}\Delta \boldsymbol{v} \tag{2}$$

$$\frac{\partial T}{\partial t} + (\boldsymbol{v} \cdot \nabla)T = \frac{1}{Re \cdot Pr}\Delta T \tag{3}$$

$\boldsymbol{v}$：速度，T：温度，p：圧力，t：時間
Re：レイノルズ数，Pr：プラントル数

ここで，プラントル数 Pr は，流れの性質によらない物質の定数であり，0.71 とする．レイノルズ数 Re は，流体の慣性力と粘性力の比を表す量であるが，本研究では乱流の効果も考慮して 2000 とした．これらの式から，圧力と速度を分離して計算を行う MAC 法を用いて計算を行った．

4.2 建物の境界　建物の内部は，速度を 0 とする．ヒートアイランド現象の原因になる熱源は，建物の表面とコンクリート地表部に置き，20 ℃に設定する．屋上緑化を行った場合，建物の屋上部分のみを 10 ℃になるようにした．

また，都市が分離している場合は高層ビル 10 棟中 2 棟を取り除き，その部分を道路と河川とする．コンクリート舗装道路は 20 ℃，河川は 0 ℃に設定した．

5. 計算結果　以下の状態で解析を行った．
① ヒートアイランド現象
② 屋上緑化を行った場合

また，
③ 都市部がコンクリートの舗装道路や河川によって 2 つに分離されている状態についても解析を行う．

風の速度はどの条件でも一定とし，都市から郊外への熱の流れ，都市内部の熱の流れ，また，都市からの汚染物質の流れ，郊外からの汚染物質の流れを Fig. 3 〜 Fig. 12 に示す．

① ヒートアイランド現象（**Fig. 3 〜 Fig. 6**）
①-1 熱の流れ

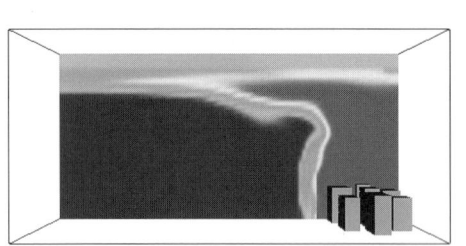

Fig. 3 都市から郊外へ

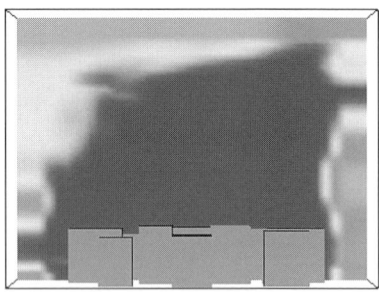

Fig. 4 都市内部

①-2 汚染物質の流れ

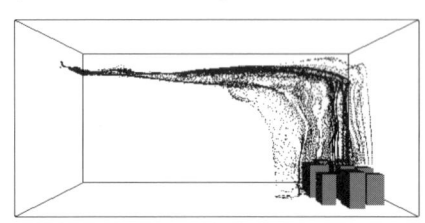

Fig. 5 都市から

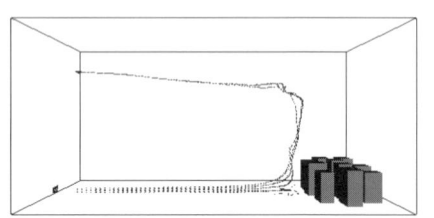

Fig. 6 郊外から

② 屋上緑化（**Fig. 7 〜 Fig. 10**）
②-1 熱の流れ

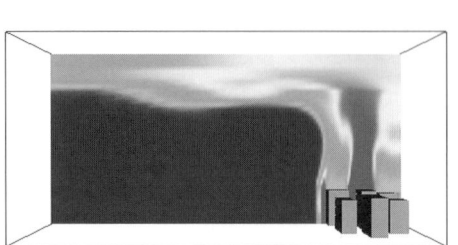

Fig. 7 都市から郊外へ

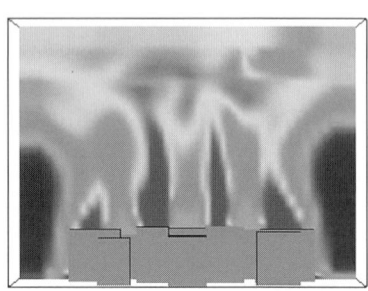

Fig. 8 都市内部

研究例 7　高層ビル群によるヒートアイランド現象　　173

②-2　汚染物質の流れ

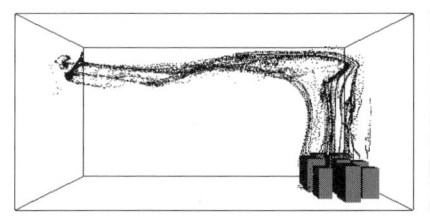

Fig. 9　都市から 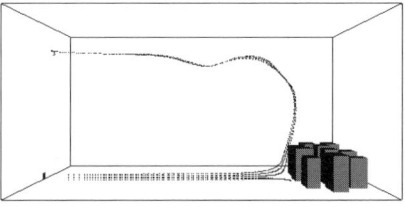　　　　　　　Fig. 10　郊外から

③　都市が分離している場合（**Fig. 11** ～ **Fig. 12**）
③-1　熱の流れ

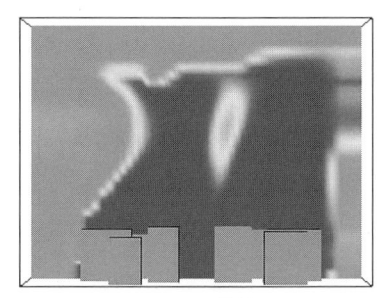

Fig. 11　道路 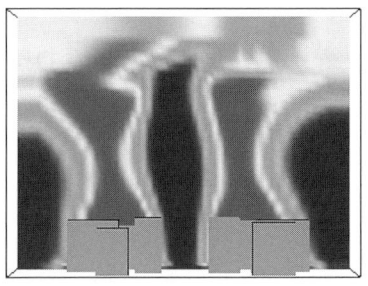　　　　　　　Fig. 12　河川

6．考察　まず，通常状態と屋上緑化を行った状態を比較すると，屋上の温度以外の設定は同じであるにもかかわらず，熱の流れについては，大きな違いが見られた．汚染物質の流れについては，量や速度に多少の違いはあるものの，都市と郊外で発生した汚染物質はヒートアイランド循環により，郊外へと運ばれていくことが分かった．このことから，ヒートアイランド現象は都市だけの問題にとどまらず，郊外にも影響を及ぼしているといえる．

　また，都市が 2 つに分離されている場合，都市内部の熱の流れは，コンクリートの舗装道路では，ビルの高さ付近まで熱が上昇するが，河川では，河川部分で熱も分離されるため熱の広がりが小さいことが分かった．

7．まとめと今後の課題　本研究では，ヒートアイランド現象を考慮した高層ビル群周りの熱の流れと汚染物質の流れについてシミュレーションを行った．

　今後の課題として，夏や冬など季節の変化についてシミュレーションを行うことや現実に近い大気条件を与えることが挙げられる．さらに，実在するモデルについて検証を行い，ヒートアイランド現象について考えていきたい．

参考文献
[1]　河村哲也，渡辺好夫，高橋聡志，岡野覚：「流体解析 II」，朝倉書店，1997
[2]　尾島俊雄：「ヒートアイランド」，東洋経済新報社，2002
[3]　三上岳彦：「東京異常気象」，洋泉社，2005

研究例 8 S 字型風車
近年，環境にやさしいエネルギー源として風力が着目されており，特にプロペラ型の風車による大規模発電が欧米では実用化されている．また日本でもこういったプロペラ型風車の建設がさかんで，あちこちで目にすることができる．一方，風力は古くから利用されてきたエネルギーであり，風車といってもいろいろな種類がある．これらは動作原理から風の抗力を利用するものと揚力を利用するものに分類され，また回転軸の向きによって，水平軸型と垂直軸型に分類される．上述のプロペラ風車は揚力型の水平軸風車であるが，本研究では抗力型の垂直軸風車である **S 字型風車**（おもに揚水用途）に着目して，数値シミュレーションによって流れ場と風車の効率を求めている．定性的な傾向がよく捉えられているだけでなく，定量的な傾向もある程度捉えられている．

8 S字型風車まわりの流れの数値的研究

桑名　杏奈

1. はじめに
風力エネルギーは，有害な廃棄物を出さないという点で地球環境問題の抑制に効果的である．尽きることのない風力エネルギーを得るために，風車は欠かせない道具の一つである．

本研究では S 字型風車について数値シミュレーションを行い，風車に働く力や風車の周りの流れ場などを検証した．S 字型風車は，構造が単純，強風時でも回転音が静か，軸を回転させる力が強い，風向きに依存せず弱風でも回転を始められる等の特長があり，揚水などに利用される．

2. モデル化
2.1 計算領域
風車の回転半径を 2，高さを 2 とし，計算領域には風向き方向に 24，スパン方向に 20，高さ方向に 8 の直方体をとった．(Fig. 2.1) はじめに xy 平面（2 次元）でのシミュレーションを行い，後に 3 次元に拡張した．

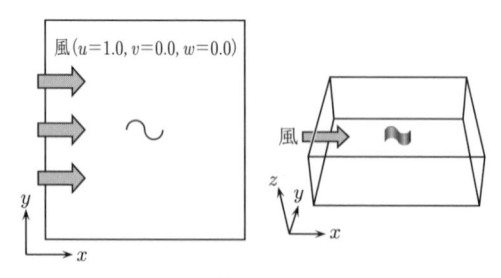

Fig. 2.1

2.2 格子
風車付近の流れを正確に計算するため，風車に沿った，風車に近いほど細かい格子を作成する．(Fig. 2.2)

2 次元計算では格子数を 81×65 とした．また，3 次元ではこの格子を高さ方向に 41 積み上げたものを用いた．

研究例 8 S 字型風車まわりの流れの数値的研究　　**175**

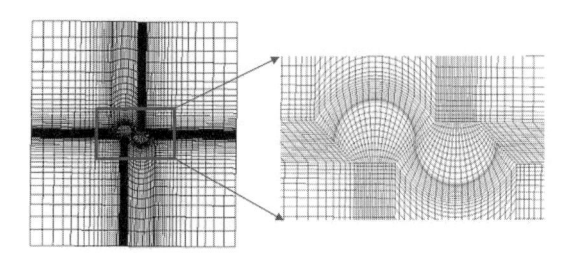

Fig. 2.2

3. 計算方法
3.1 基礎方程式　大気の流れは非圧縮性流体とみなせるので，連続の式 (1) と，運動方程式として非圧縮性ナヴィエ-ストークス方程式 (2) を利用する．

$$\nabla \cdot \boldsymbol{v} = 0 \tag{1}$$

$$\frac{\partial \boldsymbol{v}}{\partial t} + (\boldsymbol{v} \cdot \nabla)\boldsymbol{v} = -\nabla p + \frac{1}{Re}\Delta \boldsymbol{v} \tag{2}$$

$\boldsymbol{v} = (u, v)$：速度ベクトル，t：時間，p：圧力

Re：レイノルズ数．本研究では $Re = 2000$ とした．

3.2 解法　式 (1), (2) を風車に固定した回転座標で表し，それを圧力項とそれ以外の項を分離して計算する，フラクショナルステップ法（FS 法）を利用して解いた．

3.3 差分　Re が大きいので，式 (2) の左辺第 2 項（対流項）には 3 次精度上流差分を，その他には中心差分を用いた．

4. 風車に働く力
風車の効率を調べるため，次の用語が使われる．

λ　（周速比）：風車の回転速度/風速

TR　（トルク）：風車が回転する力．$TR < 0$ のときは，回転を妨げる方向に力が働いている．

C_t　（トルク係数）：無次元化した TR．

C_p　（パワー係数）：風の中から取り出すことのできるエネルギーの割合．

5. 結果と考察
5.1 トルク　風車の角度により，C_t の大小が変わる（Fig. 5.1）．風車が A のような位置にあるときには C_t すなわち回転力が大きく，B のような位置では C_t が小さいことがわかる．

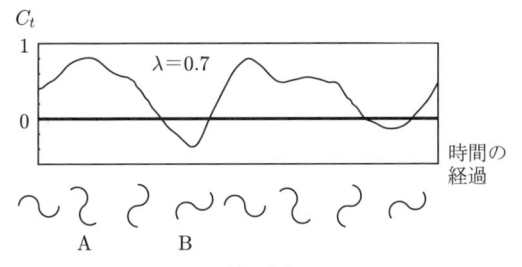

Fig. 5.1

λ を変えてもグラフが同じような形をしているため，C_t の変動の仕方は λ によらず π 周期であることが分かる（Fig. 5.2）．

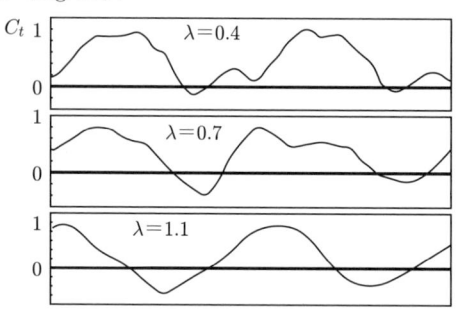

Fig. 5.2

C_t は周期的に変化する．Fig. 5.1, Fig. 5.2 では 1 周する間の C_t を調べたが，4 周する間の C_t を調べると周期的に変化している様子がよくわかる（Fig. 5.3）．

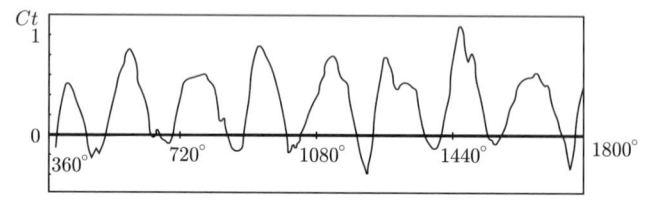

Fig. 5.3

一般的に，S 字型風車では出力 C_p が最大になる λ は 0.7，出力がなくなる λ が 1.7 程度と言われている．それを確かめるため λ と C_p（時間平均値）の関係をグラフにした（Fig. 5.4）．λ = 0.6 〜 1.0 で高い値になっている．また，1.0 を過ぎると λ の値は低下し，λ = 1.7 に近づくにつれて C_p の値が 0 に近づき，出力が小さくなっていくことがわかる．

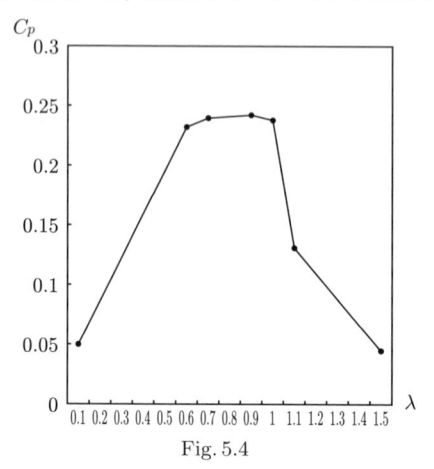

Fig. 5.4

研究例 8　S字型風車まわりの流れの数値的研究　　**177**

5.2　流れ場　Fig. 5.5 は圧力の等圧線を描いた図である．同心円状に見える部分は渦で，渦の内部では圧力が低くなっている．

　ブレードの先端と凸部から渦ができる様子がわかる．$\lambda = 0.5$ と $\lambda = 1.0$ を比較すると，λ が大きい（$\lambda = 1.0$）ほど細かい渦がたくさんでき，風車の凹部にも渦が入り込んでいる．

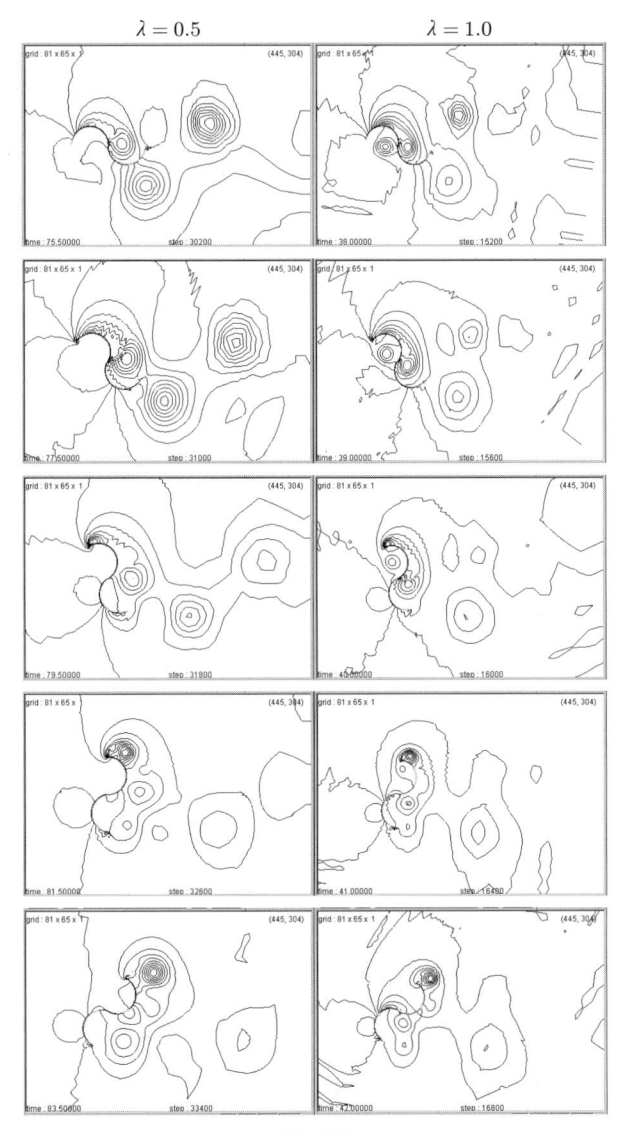

$\lambda = 0.5$　　　　　　　　$\lambda = 1.0$

Fig. 5.5

6. 3次元計算　3次元に拡張し，トルクや流れ場を考察する．Fig. 6.1, 6.2 は3次元での $\lambda = 0.6$ のときの速度ベクトルである．風車の付近で流れが乱れ，渦を作っている様子がわかる．

Fig. 6.2 を見ると，ブレードの上下から風が逃げている様子が見える．風車の上下にふたを付けると風が逃げるのを防ぐことができるため，ブレードを押す力が大きくなると言われる．このように風車の形を変え，より効率のよい風車を考察したい．

7. まとめと今後の課題　本研究では，風車は機械的に同じ角速度で回転させたが，実際の風車は風が及ぼす力などによって回転の速さが変わる．そのようなこともふまえて，より現実に近い条件で計算し，実際の実験結果と比較したい．

時間変化に沿って状態が変わっていくため，紙面など動かない媒体上にわかりやすく結果を表現するのが難しい．結果を表現する紙面や画面は2次元であるため，3次元の風車では更に難しくなる．アニメーションなどを利用しつつ，見やすい表示の仕方を考えたい．

風力エネルギーは，自然の風を利用した安全でクリーンな動力源であるとはいえ，騒音問題，電波障害，鳥問題，景観問題などの欠点もある．また，強風が吹けば破損の危険性もあり，風車が回るも止まるも風の吹き具合次第なので，動力が計画的に得られないという問題もある．現実に近い条件でシミュレーションを行うとともに，こうした風力エネルギーの現状を学び，地球に優しいエネルギーの供給，ひいては地球環境問題の緩和について，考えていきたい．

参考文献　（著者の五十音順）

[1] 石松克也，篠原俊夫，詫磨史孝：『サボニウス風車に関する数値計算』，日本機械学会論文集（B編）92-0938，1994，p.154-160
[2] 大槻和代：『鉛直軸型風車周りの流れの数値的研究』，2003年度お茶の水女子大学大学院修士論文，2004
[3] 河村哲也：『流体解析Ⅰ』，朝倉書店，1996
[4] 河村哲也：『エネルギーと風車』山海堂，2003

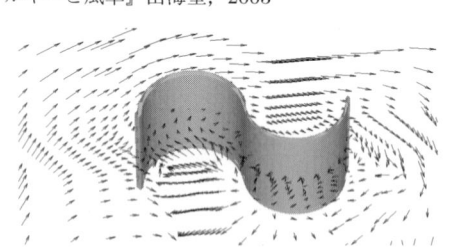

Fig. 6.1

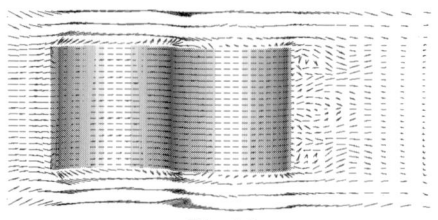

Fig. 6.2

研究例9 鉛直軸風車

本研究も前の研究と同じ風車に関するものであるが，揚力型の鉛直軸風車を題材にしている．**揚力型風車**は高速回転するため，一般に抗力型風車のシミュレーションに比べて困難である．本研究ではいろいろな格子を用いてテスト計算を行った上で，最適と思われる格子を採用している．なお翼は一端がとがっているため，格子生成も容易ではない．シミュレーション結果を定量的な評価に使うためにはさらなる工夫が必要であるが，S字型風車の研究と同じく流れ場や風車に働く力の定性的な傾向はよく捉えられている．

9 鉛直軸直線翼型風車における流れのシミュレーション

水上 洋子

1. はじめに

近年，地球温暖化現象が問題視される中，風力発電がクリーンな発電法として注目されている．風力発電に用いる風車を設計する際，風車周りの流れを数値シミュレーションにより解析することは有用であると考える．

風車発電を目的とする風車は高速回転が要求されるため，風車のブレードに生ずる揚力を利用して回転するものが適している．また，風向の変化にかかわらず回転するためには，風向に垂直な回転軸をもつ鉛直軸型の風車が有利である．

そこで本研究では，発電に利用される風車の中からFig.1に示すような**鉛直軸直線翼型風車**を取り上げ，その周りの流れを解析し性能の評価を行うことを目的とした．

2. 解法

2.1 基礎方程式

回転座標系で表した2次元の連続の式および非圧縮性ナヴィエーストークス方程式は以下のようになる．

$$\frac{\partial U}{\partial X} + \frac{\partial V}{\partial Y} = 0$$

$$\frac{\partial U}{\partial t} + U\frac{\partial U}{\partial X} + V\frac{\partial U}{\partial Y} - \omega^2 X + 2\omega V = -\frac{\partial p}{\partial X} + \frac{1}{Re}\left(\frac{\partial^2 U}{\partial X^2} + \frac{\partial^2 U}{\partial Y^2}\right)$$

$$\frac{\partial V}{\partial t} + U\frac{\partial V}{\partial X} + V\frac{\partial V}{\partial Y} - \omega^2 Y - 2\omega U = -\frac{\partial p}{\partial Y} + \frac{1}{Re}\left(\frac{\partial^2 V}{\partial X^2} + \frac{\partial^2 V}{\partial Y^2}\right)$$

X, Y：回転座標系での位置
U, V：回転座標系での速度
ω　：風車の回転角速度

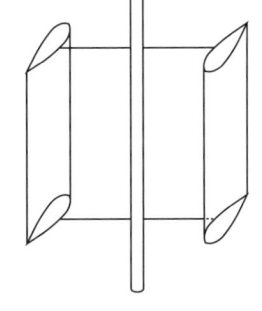

Fig.1　鉛直軸直線翼型風車

静止座標x, yとそれに対して角度θで傾いた回転座標X, Yとの関係をFig.2に示す．**回転座標系**で表した式を用いることで，物体に固定した格子による計算が可能になる．静止座標と回転座標との間には以下の関係がある．

$$x = X\cos\theta + Y\sin\theta$$
$$y = -X\sin\theta + Y\cos\theta$$
$$X = x\cos\theta - y\sin\theta$$
$$Y = x\sin\theta + y\cos\theta$$

また，静止座標における速度 u, v と回転座標における速度の間には以下の関係がある．

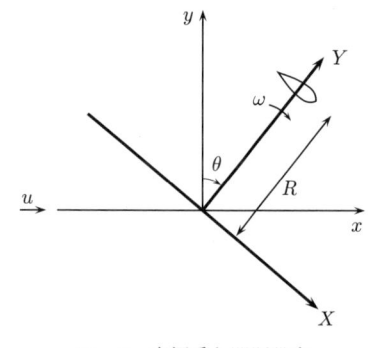

$$u = U\cos\theta + V\sin\theta + \omega y$$
$$v = -U\sin\theta + V\cos\theta - \omega x$$
$$U = u\cos\theta - v\sin\theta - \omega Y$$
$$V = u\sin\theta + v\cos\theta + \omega X$$

Fig. 2　座標系と問題設定

2.2 差分方法 基礎方程式は圧力項をそれ以外の項と分離して計算するフラクショナルステップ法を用いて解く．
　高レイノルズ数の場合にも計算結果が得られるように，非線形項は 3 次精度上流差分法を用いて近似する．その他の空間微分は 2 次精度中心差分，時間微分は 1 次精度前進差分を用いる．

2.3 問題設定 今回は風車ブレードの枚数を 1 枚として計算を行った．問題設定は Fig. 2 のとおりである．

2.4 計算格子 計算に用いる格子はブレード断面の翼型を正確に実現するために境界に適合した格子を生成する．翼の形状は NACA 0012 翼型とする．また，風車ブレード周りの風向は回転とともに変化するため，特定の方角に格子の集中がない **O 型格子**とする．ブレードの近傍は精度良く計算するために格子点が密になるようにする．Fig. 3 に今回使用した計算格子を示す．

2.5 境界条件 風車は一定の角速度で回転し，ブレード上では粘着条件を与える．また遠方境界では速度一定，圧力は大気圧とする．

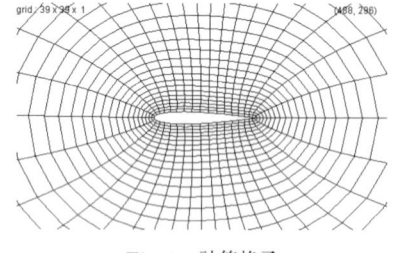

Fig. 3　計算格子

3. 計算結果

3.1 計算条件 風車の性能を表すために，風車のブレード先端速度と風速との比で定義される周速比をパラメータとして用いる．周速比 λ は式で示すと以下のようになる．

$$\lambda = \frac{\omega R}{V_\infty} \qquad R: \text{風車の半径},\ V_\infty: \text{風速}$$

今回，風車半径は翼の弦長の 10 倍とし，一様流速と弦長を基準としたレイノルズ数は 15000 とする．周速比 λ を 1.0 から 7.1 の間で変化させて計算を行った．

3.2 流れ場 Fig. 4 に圧力の等値線の例を示す．Fig. 5 には速度ベクトルの例を示す．圧力の等値線と速度ベクトルから，回転するブレード周りに渦が発生することが確認できる．また，発生した渦は周速比によって異なる軌跡を見せる．高い周速比においては，回転の途中で発生し流された渦にブレードが追いつき衝突する様子が確認できた．

研究例 9　鉛直軸直線翼型風車における流れのシミュレーション

$\theta = 1530°$

$\theta = 1530°$

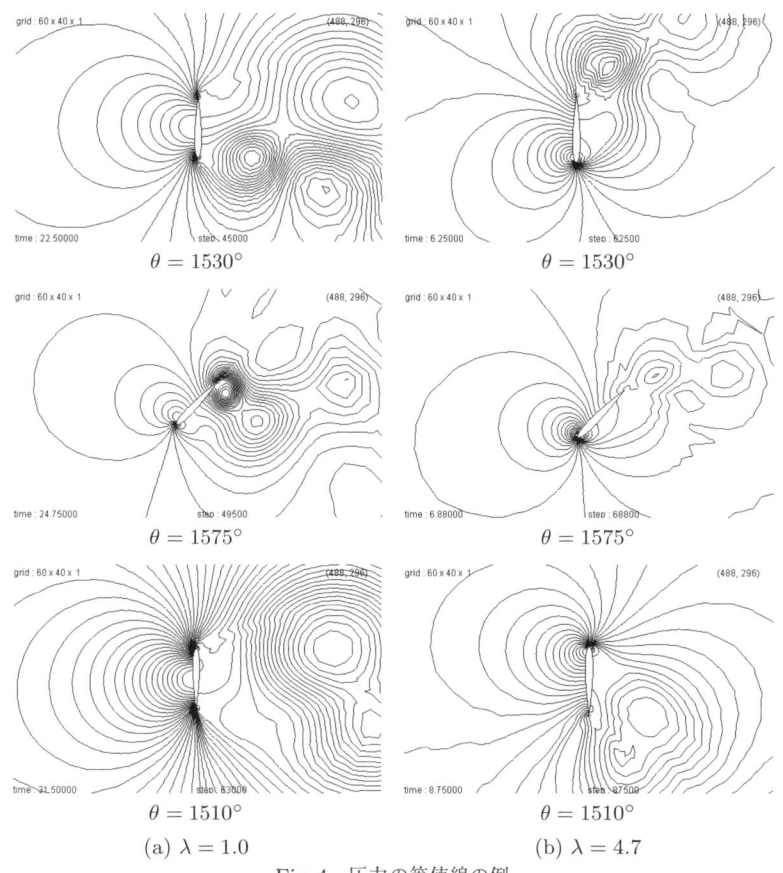

$\theta = 1575°$

$\theta = 1575°$

$\theta = 1510°$

$\theta = 1510°$

(a) $\lambda = 1.0$

(b) $\lambda = 4.7$

Fig. 4　圧力の等値線の例

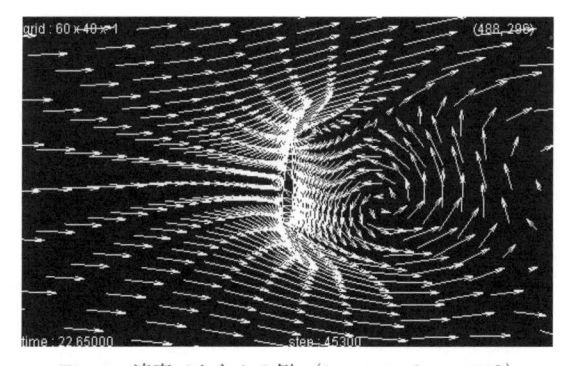

Fig. 5　速度ベクトルの例　($\lambda = 1.0$, $\theta = 1530°$)

3.3 トルク トルクは今回の風車の場合，ブレードに生じる揚力による回転力である．Fig.6にトルク係数 C_t の時間変化を示す．流れ場の様子とトルク係数の時間変化を確認したところ，低い周速比においてはブレードの先端と後端から交互に渦が放出されるときにトルク係数の変化に乱れが生じることがわかった．さらに，高い周速比においては流された渦の衝突も，発生するトルクに影響を与えることがわかった．Fig.7 には周速比とトルク係数 C_t の関係を示す．

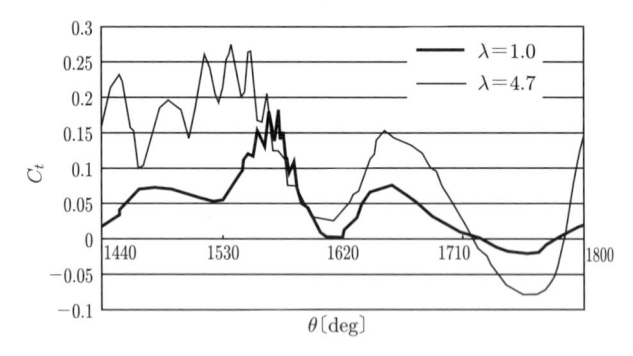

Fig.6 トルクの時間変化

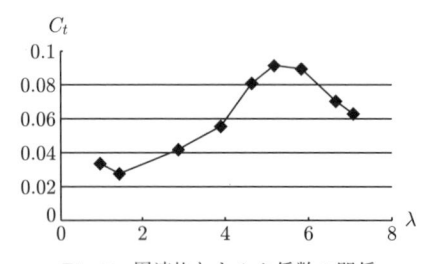

Fig.7 周速比とトルク係数の関係

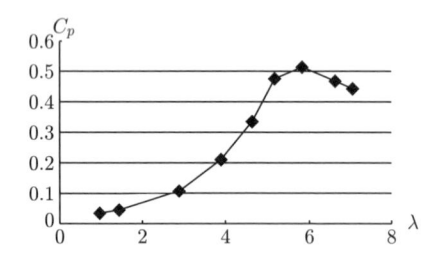

Fig.8 周速比と出力係数の関係

3.4 パワー係数 自然風から風車によって取り出すことのできるパワーの割合をパワー係数という．周速比と出力係数 C_p の関係を Fig.8 に示す．周速比 $\lambda = 6.0$ 付近で最大値をとることがわかる．このことは実験による結果などと定性的に一致する．

5. まとめ 本研究では1枚ブレードの鉛直軸直線翼垂直型風車の流れを解析した．

今後は計算の3次元化を行い，実験値との比較を行う．また，ブレードを複数枚取り付けた場合の解析を重合格子法を用いて行う．

参考文献
[1] 牛山 泉："風車工学入門"，森北出版，2002
[2] 佐藤，水上，伊藤，河村："重合格子法による直線翼垂直軸型風車周りの流れの数値シミュレーション"，第37回流体力学講演会，2005，p207-208
[3] 前田，他："風車回転翼面上の圧力分布に関する研究"，日本機械学会流体工学部門講演会，2005，p26

研究例10　屈曲運動する翼まわりの流れの解析　　　　　　　　　183

研究例10　変形物体　いままでに紹介した研究例のうち風車のシミュレーション以外は静止座標系での計算であった．また，風車のシミュレーションでは風車が回転している状況を実現するため，回転座標系を用いた．いずれにせよ，格子は1度だけ生成してそれを利用した計算である．本研究では屈曲する物体まわりの流れを取り上げているため，物体の変形に合わせて，計算ステップごとに物体に沿った格子をつくりなおした上で5.3節でのべた時間依存性のある座標変換を用いて計算している．最終目的は魚の推進機構を数値シミュレーションにより明らかにし，工学的な応用を目指すものであるが，その第一段階として2次元のシミュレーションを行っている．

10　屈曲運動する翼まわりの流れの解析

松本　紋子

1. はじめに　魚は一般的に最大速度が1秒間に体長の10倍ほどもの距離を進むと言われている．

　重量1kg当たりのパワー (m/s) でみた場合では，マス，イルカなどは $6 \sim 7$ (m/s) という結果が出ているのに対して，人間では 1.5 (m/s) という値がでている．

　このように水棲生物の遊泳は非常に効率がよいと考えられる．その推進能力を水上交通機械や，水中作業ロボットに適用することが可能になれば，輸送効率や水中作業の大幅な向上が実現できると考えられている．しかし，その推進機構については未だに不明瞭な点が多い．

　本研究では，魚のまわりの流れの様子について数値的に解析することを目的とした．そこで，魚類の推力発生モデルの一つである，尾ひれと体の後半部を使用して泳ぐアジ型推進機構について考えてみる．

2. 問題のモデル化　運動する魚まわりの流れをシミュレーションによって解析するためにモデル化する．魚の形状は様々であり，その生活環境も異なるが，それら全ての詳細な条件を考慮，解析するのは容易なことではない．

　したがって，本研究では魚が流線形をしているという点にのみ注目し，また，深さ方向の流れは一様であると仮定して，ある断面での魚まわりの2次元流れを解析する．さらに，魚の後方と尾ひれは，2次関数的に変形し，時間的には正弦関数的に振動していると仮定した．

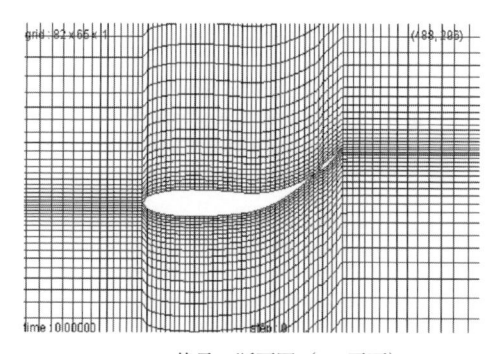

Fig.1　格子の断面図（xy 平面）

魚の断面形としては，NACA 0012 翼を変形させて用いた（Fig.1）．また，格子数は x 方向に 92，y 方向に 65 であり，魚の表面近くで細かくなり，端にいくほど粗くなる不等間隔格子を用いた．流れは非圧縮性粘性流体として扱った．

3. 計算方法

3.1 基礎方程式　非圧縮性流体の流れは，連続方程式とナヴィエ–ストークス方程式を支配方程式として解くことができる．すなわち，基本方程式は，

$$\frac{\partial u}{\partial x} + \frac{\partial v}{\partial y} = 0 \quad \cdots \text{連続方程式}$$

$$\frac{\partial u}{\partial t} + u\frac{\partial u}{\partial x} + v\frac{\partial u}{\partial y} = -\frac{\partial p}{\partial x} + \frac{1}{Re}\left(\frac{\partial^2 u}{\partial x^2} + \frac{\partial^2 u}{\partial y^2}\right)$$

$$\frac{\partial v}{\partial t} + u\frac{\partial v}{\partial x} + v\frac{\partial v}{\partial y} = -\frac{\partial p}{\partial y} + \frac{1}{Re}\left(\frac{\partial^2 v}{\partial x^2} + \frac{\partial^2 v}{\partial y^2}\right)$$

$\cdots$ ナヴィエ–ストークス方程式

となる．ここで u と v は流速の x，y 成分，p は圧力，Re はレイノルズ数である．

本研究では，これらの方程式を時間依存性のある座標変換により変換した上でフラクショナルステップ法（FS 法）を用いて変換された方程式を解いた．

3.2 推進力

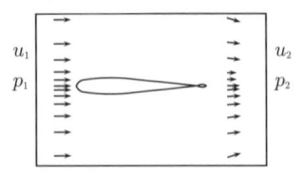

Fig.2　検査面

魚のまわりの流れをシミュレーションするにあたり，魚の**推進力**を調べた．

推進力 F は，**検査面**内の運動量の保存則から求めることができ，

$$F = \int (\rho u_2^2 - \rho u_1^2 + p_2 - p_1) dA$$

となる．ここで u_1，u_2 はそれぞれ前方，後方の流れの方向速度，p_1，p_2 はそれぞれ前方，後方の圧力，dA は微小面積である．今回この結果をグラフで表した．

4. 計算結果

以上の計算方法を用いて，レイノルズ数を 1000 ～ 20000 の代表点をいくつか選び，それぞれ変化させた結果を示す．

以下に 3 種類の研究の違いについての結果の一部と，推進力のグラフを示す．

振動数は 0.45 に固定した．

5. 考察

【1】魚がまったく動かない場合，魚は流線形をしているため，ほとんど抵抗がなく，渦はまったく見られなかった．推進力のグラフを見てもほぼ抵抗を受けていないことが分かる．

【2】魚の後方のみ動く場合，レイノルズ数を 1500 にした時，渦は魚に巻き込まれていく様子が見て取れた．レイノルズ数を 10000，20000 にすると，巻き込まれていくと同時に放出される渦もあることが分かった．この場合，推進力のグラフを見ると，レイノルズ数に関係なく負になり抵抗を受けていることが分かる．

【3】魚の後方＋尾ひれが単独で動く場合も同様に，レイノルズ数が低いときは，巻き込み，レイノルズ数を高くすればするほど推進力も高まることが見て取れた．推進力のグラフを見ると，レイノルズ数を高くすればするほど推進力を得ていることが分かった．

研究例 10　屈曲運動する翼まわりの流れの解析　　**185**

【1】魚が動かない場合のまわりの圧力分布

Re = 5000, 振動数 0.45, 平均値 = −0.0216

推進力

時間

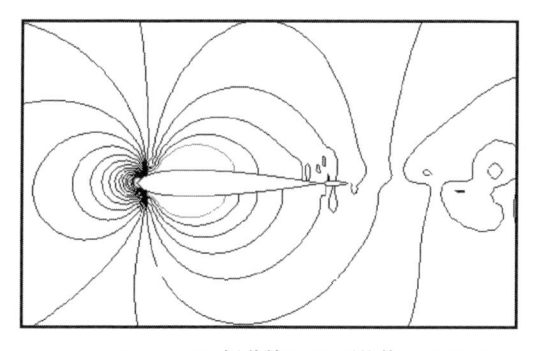

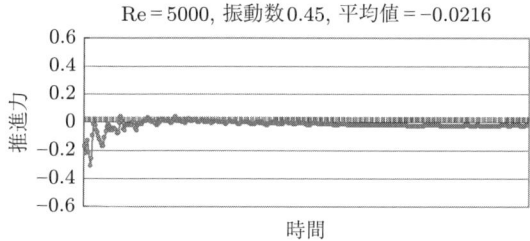

【2】魚の後方のみ動く場合のまわりの圧力分布

Re = 20000, 振動数 0.45, 平均値 = −0.4962

推進力

時間

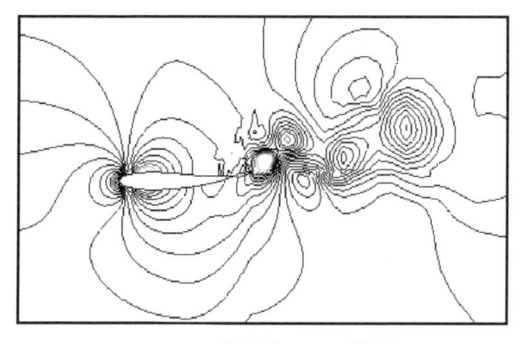

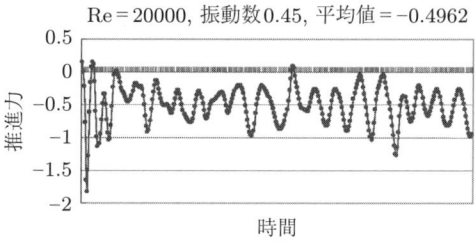

【3】魚の後方＋尾ひれが単独で動く場合のまわりの圧力分布

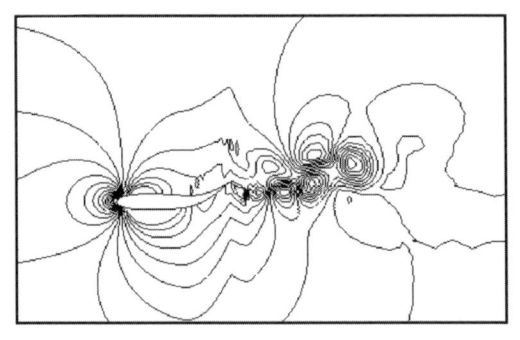

Re = 20000, 振動数 0.45, 平均値 = 0.0436

6. まとめと今後の課題
本研究では振動数を 0.45，レイノルズ数を 1000 ～ 20000 で変化させた場合，尾ひれを単独で動かす**振動翼**による推進でレイノルズ数を高くすればするほど推進力を得ていることから，振動翼による推進が魚の推進において重大な役割を果たしていることが分かった．さらに，レイノルズ数が大きいということは，小さな魚ではなく，大きな魚がこの泳法を用いていると考えられる．

今後の課題としては，2 次元を 3 次元化し，さらに今回は魚の後方を動かしたが，実際の魚では前方も使って泳ぐので，それも考慮に入れて，より魚の動きに近づけていきたい．

参考文献
[1] 河村哲也：流体解析 I. 朝倉書店．1996
[2] 加藤一郎：動物のメカニズム．朝倉書店．1980
[3] 安藤常世：流体の力学．培風館．1973

章末問題略解

第 1 章

問 1 式 (1.3) より $g' = G(am_1)/(bR)^2 = (a/b^2)g$, したがって地球の a/b^2 倍になる. 脱出速度は式 (1.4) より $v' = \sqrt{2(bR)g'} = \sqrt{a/b}\sqrt{2Rg}$ より $\sqrt{a/b}$ 倍である. 月の場合は, $g' = 0.012/(0.27)^2 g ≒ g/6 = 1.6\,\mathrm{m/s^2}$, $v' = \sqrt{0.012/0.27}\,v = 2.4\,\mathrm{km/s}$

問 2 略

第 2 章

問 1 第 1 象限を考えると図 (a) の点 A では x が小さく, 点 B では x と y が同じ大きさ, 点 C では x が大きく y が小さいので速度ベクトルは図のようになり, その方向に粒子が進む. したがって, 図 (b) のようになると予測される. なお, 式を用いると, $dx/dt = x$, $dy/dt = -y$ より $dx/x = -dy/y (= dt)$ を積分して $\log|x| = -\log|y| + c$. したがって, $xy = C$ となるため双曲線になることがわかる.

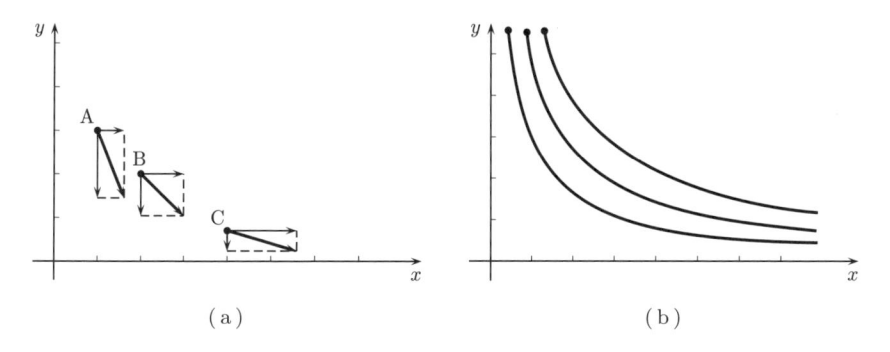

(a) (b)

問 2 平板内のある 1 点 P で最大温度 u_P になったとする. このとき, 点 P のまわりに, 点 P を中心にして 4 つの格子点 A, B, C, D を考え, そこでの温度を u_A, u_B, u_C, u_D とすると, $u_P > u_A$, $u_P > u_B$, $u_P > u_C$, $u_P > u_D$ が成り立つ. この 4 式を足して 4 で割れば $u_P > (u_A + u_B + u_C + u_D)/4$ となり, 式 (2.12) と矛盾する. 最小の場合も不等号を逆にすれば矛盾が示せる.

問 3 $c\Delta t = \Delta x$ の場合には, ある区間に存在した自動車は次の時間ステップですべて隣の区間に移動しているため, このとき, 区間内の自動車は近似をしなくてもいつも等間隔に並ぶ. また, $c\Delta t > \Delta x$ のときは, 隣の区間の分布を使っているにもかかわらず, 隣の区間に存在していた自動車がすべて考えている区間を飛び出すため.

(c) (d) (e) (f)

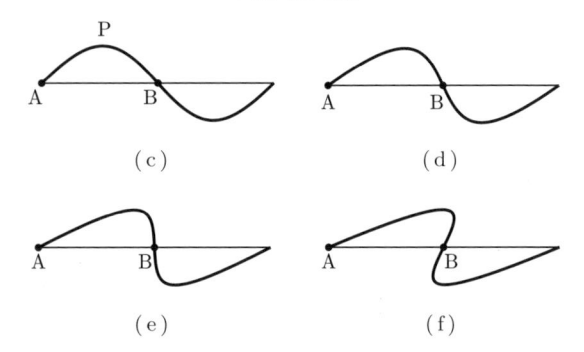

問 4 $u \geq 0$ の部分を考えると，分布の進む速さは高さに比例するため，図 (c) の点 A, B では速さが 0 で進まず，図の点 A から点 P までは速さが増し，点 P で最高速度となり，また点 P から点 B までは直線的に減少する．したがって，時間が経つと，図 (d) のような状態を経て，図 (e) のような形になると考えられる．それ以降では式 (2.17) では記述できない（図 (f) のような多価関数になる）．

第 3 章

問 1 $dx/dt = y$ とおくと，連立微分方程式 $dx/dt = y$, $dy/dt = x$ を $x(0) = 1$, $y(0) = 0$ の条件で解くことになる．オイラー法で近似すると，$h = \Delta t$ として

$$x_{n+1} = x_n + hy_n, \quad y_{n+1} = y_n + hx_n, \quad x_0 = 1, \quad y_0 = 0 \qquad (a)$$

という漸化式が得られる．そこで，式 (a) に $h = 0.1$ を代入して順に数列の値を計算してもよいが，式 (a) のはじめの 2 式を加え，また引けば

$$x_{n+1} + y_{n+1} = (1+h)(x_n + y_n), \quad x_{n+1} - y_{n+1} = (1-h)(x_n - y_n)$$

より $x_n + y_n = (1+h)^n(x_0 + y_0) = (1+h)^n$, $x_n - y_n = (1-h)^n(x_0 - y_0) = (1-h)^n$ が得られて，$x_n = ((1+h)^n + (1-h)^n)/2$ となる．この式に $h = 0.1$, $n = 10$ を代入すれば $x_{10} = 1.4712 \cdots$ となる．

問 2 差分近似すれば $(x_{j-1} - 2x_j + x_{j+1})/h^2 + 4x_j - 16jh = 0$ となる．4 等分 ($h = 1/4$) して境界条件を考慮すれば

$$-(7/4)x_1 + x_2 = 1/4, \quad x_1 - (7/4)x_2 + x_3 = 2/4, \quad x_2 - (7/4)x_3 = 3/4 - 5$$

となる．この方程式を解けば $x_1 = 183/119$, $x_2 = 50/17$, $x_3 = 489/119$ となる．

問 3 質点 A の位置を原点にするような座標系を考え，質点 B の位置ベクトルを $\boldsymbol{r} = (x, y)$ とする．ベクトル $-\boldsymbol{r}/|\boldsymbol{r}|$ は大きさが 1 で点 B から点 A に向かうベクトルである．万有引力の法則から，質点 B に働く力はこのベクトルの方向を向いており，大きさは $Gm_A m_B/|\boldsymbol{r}|^2$ である．一方，質点 B の加速度は $d^2\boldsymbol{r}/dt^2$ であるから，ニュートンの第 2 法則は $m_B d^2\boldsymbol{r}/dt^2 = (Gm_A m_B/|\boldsymbol{r}|^2)(-\boldsymbol{r}/|\boldsymbol{r}|)$ となる．したがって，成分で表現すれば，

$$\frac{d^2 x}{dt^2} = -\frac{Gm_A x}{(x^2+y^2)^{3/2}}, \quad \frac{d^2 y}{dt^2} = -\frac{Gm_A y}{(x^2+y^2)^{3/2}}$$

第 4 章

問 1 図 (g) に示すように辺の正射影が座標軸 x, y に平行な微小な面積の膜を考える。微小振動を考えるため膜は上下振動するだけである。したがって、各辺に単位長さあたりに働く張力を T とすれば、T はすべて同じ大きさになる。図の辺 AB と辺 CD に働く張力の鉛直方向成分の差は、本文 p.56 と同じように考えて $T\Delta y \sin(\alpha + \Delta\alpha) - T\Delta y \sin\alpha \fallingdotseq T\Delta y \Delta x (\partial^2 u/\partial x^2)$ であり、同様に辺 BC と AD に働く張力の鉛直方向成分の差は $T\Delta x \sin(\beta + \Delta\beta) - T\Delta y \sin\beta \fallingdotseq T\Delta x\Delta y(\partial^2 u/\partial y^2)$ となる。膜に働くのはこれらの力の和になる。一方、面の密度を ρ とすれば膜の質量は $\rho\Delta x\Delta y$ であり、加速度は $\partial^2 u/\partial t^2$ であるから、次式が得られる

$$\frac{\partial^2 u}{\partial t^2} = c^2 \left(\frac{\partial^2 u}{\partial x^2} + \frac{\partial^2 u}{\partial y^2}\right) \quad \left(c = \sqrt{\frac{T}{\rho}}\right)$$

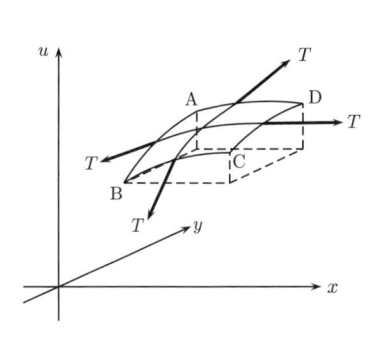

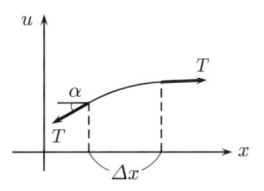

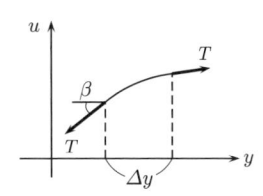

(g)

問 2 16 元連立 1 次方程式になるように見えるが、対称性から第 1 象限だけを考えればよいので連立 4 元 1 次方程式で十分である。図 (h) のように未知数の名前をつけると格子幅が 1 であることに注意して

$$a - 2a + b + a - 2a + c = -2$$
$$a - 2b + 0 + b - 2b + d = -2/5$$
$$c - 2c + d + a - 2c + 0 = -2/5$$
$$c - 2d + 0 + b - 2d + 0 = -2/9$$

となるため、これを解くと $a = 266/135$, $b = c = 131/135$, $d = 73/135$ となる。

問 3 (1) $u_j^{n+1} = g u_j^n$, $u_{j+1}^n = \exp(\sqrt{-1}\,\xi\Delta x) u_j^n$, $u_{j-1}^n = \exp(-\sqrt{-1}\,\xi\Delta x) u_j^n$ になることは u_j^n の定義式

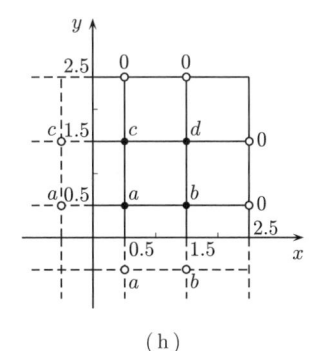

(h)

からただちに確かめられる．そこでこれらの式を差分方程式に代入して u_j^n で割れば

$$g = r\exp(-\sqrt{-1}\xi\Delta x) + (1-2r) + r\exp(\sqrt{-1}\xi\Delta x)$$
$$= 1 - 2r + 2r\cos(\xi\Delta x) = 1 - 4r\sin^2(\xi\Delta x/2)$$

(2) 条件より $-1 \leq 1 - 4r\sin^2(\xi\Delta x/2) \leq 1$ であるが $r > 0$ なので右の不等式は常に満足される．左の不等式は $r \leq 1/(2\sin^2(\xi\Delta x/2))$ となり ξ は任意なので，最も厳しい条件は $r \leq 1/2$ である．

第 5 章

問 1 式 (5.1) を示すが，式 (5.2) も同様にできる．$u_A = u_B - u'_B \Delta x + u''_B(\Delta x)^2/2 - \cdots$, $u_C = u_B + u'_B \theta \Delta x + u''_B(\theta\Delta x)^2/2 - \cdots$ を式 (5.1) に代入すると，

$$右辺 = \frac{1}{\Delta x}\left[\left(\frac{1}{\theta(1+\theta)} - \frac{1-\theta}{\theta} - \frac{\theta}{1+\theta}\right)u_B\right.$$
$$\left. + \left(\frac{\theta}{\theta(1+\theta)} + \frac{\theta}{1+\theta}\right)u'_B\Delta x + \cdots\right] = u'_B + O(\Delta x)$$

問 2
$$\begin{bmatrix}\xi_x & \xi_y \\ \eta_x & \eta_y\end{bmatrix} = \begin{bmatrix}x_\xi & x_\eta \\ y_\xi & y_\eta\end{bmatrix}^{-1} = \frac{1}{J}\begin{bmatrix}y_\eta & -x_\eta \\ -y_\xi & x_\xi\end{bmatrix}$$

(ただし $J = x_\xi y_\eta - x_\eta y_\xi$) の各要素を比較すればよい．

問 3 $x = r\cos\theta$, $y = r\sin\theta$ であるから，$\xi = r$, $\eta = \theta$ とおけば

$$x_r = \cos\theta, \quad x_\theta = -r\sin\theta, \quad y_r = \sin\theta, \quad y_\theta = r\cos\theta$$
$$J = x_r y_\theta - x_\theta y_r = r\cos^2\theta + r\sin^2\theta = r$$
$$\alpha = x_\theta^2 + y_\theta^2 = r^2, \quad \beta = x_r x_\theta + y_r y_\theta = 0, \quad \gamma = x_r^2 + y_r^2 = 1$$
$$x_{rr} = 0, \quad x_{r\theta} = -\sin\theta, \quad x_{\theta\theta} = -r\cos\theta$$
$$y_{rr} = 0, \quad y_{r\theta} = \cos\theta, \quad y_{\theta\theta} = -r\sin\theta$$
$$\Delta f = (r^2 f_{rr} + f_{\theta\theta})/r^2 + (-r\cos\theta(f_\theta\sin\theta - f_r r\cos\theta)$$
$$- r\sin\theta(-f_r r\sin\theta - f_\theta\cos\theta))/r^3$$
$$= f_{rr} + f_r/r + f_{\theta\theta}/r^2$$

第 6 章

問 1 多変数のテイラー展開の公式から

$$A(x + u\Delta t, \ y + v\Delta t, \ t + \Delta t)$$
$$= A(x, y, t) + (u\Delta t)\partial A/\partial x + (v\Delta t)\partial A/\partial y + \Delta t \partial A/\partial t + O((\Delta t)^2)$$

となる．したがって，

$$(A(x + u\Delta t, \ y + v\Delta t, \ t + \Delta t) - A(x, y, t))/\Delta t$$
$$= \partial A/\partial t + u\partial A/\partial x + v\partial A/\partial y + O(\Delta t)$$

A として流速の x 成分である u をとれば，$\Delta t \to 0$ の極限で，左辺は加速度の成分 x となり，右辺は $\partial u/\partial t + u\partial u/\partial x + v\partial u/\partial y$ となるため，これが加速度の x 成分である．A として流速の y 成分をとれば $\partial v/\partial t + u\partial v/\partial x + v\partial v/\partial y$ となるが，これが加速度の y 成分である．

問 2 y 方向の運動方程式を x で微分し，y 方向の運動方程式を x で微分して引けば，非線形項に対して，

$$(uv_x + vv_y)_x - (uu_x + vu_y)_y = u_x v_x + uv_{xx} + v_x v_y + vv_{yx} - u_y u_x - uu_{xy} - v_y u_y - vu_{yy}$$
$$= (v_x - u_y)(u_x + v_y) + u(v_x - u_y)_x + v(v_x - u_y)_y$$
$$= (v_x - u_y) \cdot 0 + u\omega_x + v\omega_y$$

となる．ただし，連続の式を用いている．時間微分項および粘性項は $(v_t)_x - (u_t)_y = (v_x - u_y)_t = \omega_t$，$(\Delta v)_x - (\Delta u)_y = \Delta(v_x - u_y) = \Delta\omega$ であり，圧力項は消えるため渦度輸送方程式が得られる．

問 3 $v = \nabla \phi$ より $u = \partial \phi/\partial x$, $v = \partial \phi/\partial y$ となるが，u と v を流れ関数で表すと $\partial \phi/\partial x = \partial \psi/\partial y$, $\partial \phi/\partial y = -\partial \psi/\partial x$ となる．これは関数 $f = \phi + i\psi$ が正則関数であることを保証するコーシー–リーマンの方程式である．$f = i\kappa \log z$ は $z \neq 0$ で正則関数であるが，$z = re^{i\theta}$ とおけば $\phi + i\psi = i\kappa(\log r + i\theta) = -\kappa\theta + i\kappa \log r$ となる．これから流線 ($\psi = C$) は $\log r$ が一定，すなわち r が一定であるので，原点中心の円を描く．なお，$v_\theta = \partial \psi/\partial r = \kappa/r$ となるため，周方向の速度は原点からの距離に反比例して小さくなる．

第 7 章

問 1 略
問 2 略
問 3 略

あ と が き

　本書は偏微分方程式によるシミュレーションを中心に，簡単な導入から始めて原理と計算法，さらに実際の具体例を取り上げ，それらをできる限り平易に解説した本である．また，実際の卒業研究例も多く紹介したため，読者諸氏がテーマを探したり，シミュレーションによる研究の進め方や，レポートを書くときの参考になれば幸いである．

　シミュレーションは一種の数値計算法であるため，理論をいくら勉強してもあまり役には立たない．それよりも，理論はほどほどにしてまず自分でプログラムを組んで実行してみるのがよい．市販のシミュレーションソフトを使うという手もあるが，そういったソフトはたいてい高価であるし，また当然そのソフトがもっている機能以上のことはできない．本書で紹介した卒業研究の中には市販のソフトである程度結果が得られるものもあるが，全く対応できないものもある．これらの研究は，結果の可視化部分を除いて著者の研究室の学生諸君が各自プログラムを作って行ったことを付記しておく．

　一方，なにもない状態からプログラムを組むのも限られた時間内では困難であることも確かなので，雛型になるようなプログラムを参考にするのが近道である．そういった意味では本書にもプログラムを含めるべきであったが，多種あるプログラム言語すべてに対応するのは著者の能力からも，またページ数からいっても無理がある．そこで，本書の内容に興味をもたれて実際にプログラムを組んでみたくなった読者には次ページに参考文献として [1]，[2]，[6] を挙げておく．名前は流体解析であるが，特に [1]，[6] には流体のみならず基本的な偏微分方程式に対するプログラム（Fortran と C または Python）も多く提供されている．なお，結果を表示するためのプログラムまで自作するのは大変であり，特に CG などを専門としようとする人以外には無駄であるともいえる．一般に可視化ソフトは高価なものが多いが，基本的な図を描くだけならば，たとえば Excel†を使えば十分である．また Excel には VBA に対するコンパイラ

---

† Excel（エクセル）は米国マイクロソフト社の登録商標．

あとがき

も付属している．VBAとFortranのプログラムが載っている本として[3]を挙げておく．時間依存性のある現象のシミュレーション結果は動画でみると，印象も強く，現象の理解がたやすくなり，ひいては未知のことが発見できることもある．流体のシミュレーション結果が動画の形で提供されている本に[4]がある．

本書では偏微分方程式の近似解法としてもっぱら差分法を用いたが，差分法以外でよく用いられる近似解法に有限要素法と境界要素法がある．特に有限要素法は適用できる方程式の範囲が広く多用されている．当初は本書にも有限要素法に対する簡単な解説を含める予定であったがページ数の関係で断念した．差分法，有限要素法，境界要素法が要領よくまとめて記されている本に[5]がある．

参考文献

[1] 河村哲也,「流体解析 I」(1996)，朝倉書店．
[2] 河村哲也・渡辺好夫・高橋聡志・岡野覚,「流体解析 II」(1997)，朝倉書店．
[3] 河村哲也,「エクセルシミュレーション入門」(2004)，山海堂．
[4] 河村哲也・桑原邦郎・菅牧子・小紫誠子,「環境流体シミュレーション」(2001)，朝倉書店．
[5] 登坂宣好・大西和榮,「偏微分方程式の数値シミュレーション」第2版 (2003)，東京大学出版会．
[6] 河村哲也・佐々木桃,「Pythonによる流体解析」(2023)，朝倉書店．

索　引

あ行

圧力	103
1階微分方程式	12
1次元移流方程式	54
1次元熱伝導方程式	59
1次元波動方程式	57
一般座標変換	88
移流拡散現象	25
移流拡散問題	30
移流現象	25, 54
渦糸近似法	142
渦度輸送方程式	111
運動エネルギー	4
運動方程式	56
運動量保存則	103
エネルギー保存則	108
鉛直軸直線翼型風車	179
オイラー法	39
オイラー方程式	106
オイラー陽解法	69
屋上緑化	170
オゾン層破壊	8
オゾンホール	8
温帯低気圧	159
温暖前線	159
温度上昇率	19

か行

回転座標系	179
海洋汚染	8
拡散現象	25
拡散方程式	57
仮の速度	117
関数論	142
完全流体	105
寒冷前線	159
気圧の谷	159
キャビティ内流れ	133
球面座標系	157
境界条件	34, 66
境界値問題	36
鏡像	122
極座標	126
クッタの条件	130
クーラン数	74
計算面	88
血管内の流れ	151
検査面	184
弦の微小振動	56
高階微分方程式	45
格子生成	84
格子線	61
格子点	22, 61
後退差分近似	73
コーシー－リーマンの微分方程式	142

固体の微小振動	57	滑り壁条件	139
コリオリ力	159	正則関数	142
		精度	46
さ行		生物対流	146
		積分定数	34
差分格子	49, 61	接線単位ベクトル	91
差分法	49	セル・オートマトン法	7
差分方程式	51, 62	漸化式	40, 68
3次元座標変換	93	前進差分	38
3次精度上流差分法	157	前進差分近似	68
酸性雨	8	前線面	159
時間依存座標変換	92	線密度	57
自由表面問題	92	双曲型	60
仕事	4	速度ポテンシャル	118
質量	3		
質量保存則	100	**た行**	
周期境界条件	127		
周速比	175	大気汚染	8
自由表面問題	92	大気大循環	8
重力加速度	4	台形公式	47
常微分方程式	34	代数的格子生成法	84
初期条件	34, 66	体積膨張率	109
初期値・境界値問題	67	体積力	105
初期値問題	36	対流	146
振動翼	186	楕円型	60
水質汚染	8	ダストドーム	170
推進力	184	脱出速度	4
数学モデル	2	単振動	36
数値シミュレーション	6	断熱条件	124
数値積分	35	地球温暖化	8
数値微分	38	地球環境問題	8
数値モデル	6	中心差分近似	63, 75
数値予報	159	超限補間法	87
数密度	28	長方形格子	80
スタガード格子	115		

張力	56		粘性応力	106
通常格子	115, 117		粘性率	107
定常状態	18, 59		粘性力	105
テイラー展開	56		粘着条件	112
ディリクレ条件	112		ノイマン条件	115
等温条件	124			
動粘性率	110		**は行**	
特性曲線	76		ばね定数	37
トルク	175		パワー係数	175
トルク係数	175		判別式	60
			万有引力定数	3
な行			万有引力の法則	2
ナヴィエ-ストークスの方程式	108		非圧縮性流れ	103
流れ関数	111		非圧縮性の条件	103
流れ関数-渦度法	111		非定常状態	22
ナブラ演算子	55		非定常問題	66
2階線形偏微分方程式	60		ヒートアイランド現象	170
2階微分方程式	35		ヒートアイランド循環	170
2次元移流現象	28		比熱	58
2次元移流方程式	55		微分方程式	12
2次元座標変換	88		ビル風	166
2次元流れ	110		風力	174
2次のルンゲ-クッタ法	48		複素速度ポテンシャル	118
ニュートンの第2法則	3, 57		ブジネスク近似	109
ニュートン法	47		フックの法則	36
ニュートン流体	107		物理面	88
熱拡散率	67		物理モデル	2
熱源	59		不等間隔格子	80
熱対流	146		フラクショナルステップ法	117
熱伝導度	58		フーリエの熱伝導の法則	58
熱伝導方程式	57		浮力	109
熱平衡状態	18, 59		平板の熱伝導	70
			ベナール型対流	146

索　引

偏西風	159
ポアソン方程式	60
法線単位ベクトル	90
法線方向微分	91
放物型	60
補間	14
保存則	100
ポテンシャル流れ	118

ま行

膜の微小振動	57
面積力	105
木星の大気循環	155

や行

ヤコビアン	89
ヤコビの反復法	131
揚力型風車	179
4次のルンゲ−クッタ法	48
予測子−修正子法	47

ら行

ラグランジュ補間	86
ラックス−ベンドロフ法	77
ラプラス演算子	57
ラプラス方程式	60
離散型シミュレーション	6
リッカチの方程式	40
流線	111
流体	100
流体力学	7
連続型シミュレーション	6
連続の式	102
連立1階微分方程式	41

欧字・記号

MAC法	113
O型格子	180
S字型風車	174

著者略歴

河村哲也(かわむらてつや)

1980 年 東京大学大学院工学系研究科修士課程修了
東京大学助手，鳥取大学助教授，千葉大学助教授・教授を経て，
1996 年 お茶の水女子大学理学部情報科学科教授
現 在 お茶の水女子大学名誉教授
工学博士
専門：数値流体力学，数値シミュレーション

主要著書

流体解析 I（朝倉書店，1996）
キーポイント偏微分方程式（岩波書店，1997）
応用偏微分方程式（共立出版，1998）
理工系の数学教室 1～5（朝倉書店，2003，2004，2005）
数値計算入門 [新訂版]（サイエンス社，2018）
非圧縮性流体解析（東京大学出版会，共著，1995）
環境流体シミュレーション（朝倉書店，共著，2001）

Computer Science Library-18
数値シミュレーション入門

| 2006 年 7 月 25 日© | 初版発行 |
| 2023 年 9 月 25 日 | 初版第4刷発行 |

著　者　河村哲也　　発行者　森平敏孝
　　　　　　　　　　印刷者　大道成則
　　　　　　　　　　製本者　小西惠介

発行所　株式会社　サイエンス社

〒151-0051　東京都渋谷区千駄ヶ谷1丁目3番25号
営業　☎ (03)5474-8500（代）　振替 00170-7-2387
編集　☎ (03)5474-8600（代）　FAX ☎ (03)5474-8900

印刷　太洋社　　　　　　　　　製本　ブックアート
《検印省略》

本書の内容を無断で複写複製することは，著作者および出版社の権利を侵害することがありますので，その場合にはあらかじめ小社あて許諾をお求め下さい．

サイエンス社のホームページのご案内
http://www.saiensu.co.jp
ご意見・ご要望は
rikei@saiensu.co.jp まで

ISBN4-7819-1134-X

PRINTED IN JAPAN

━━━Computer Science Library 増永良文編集━━━

1 コンピュータサイエンス入門
　　　　　　　　増永良文著　2色刷・A5・本体1950円
2 情報理論入門
　　　　　　　　吉田裕亮著　2色刷・A5・本体1650円
3 プログラミングの基礎
　　　　　　　　浅井健一著　2色刷・A5・本体2300円
4 C言語による 計算の理論
　　　　　　　　鹿島　亮著　2色刷・A5・本体2100円
5 暗号のための 代数入門
　　　　　　　　萩田真理子著　2色刷・A5・本体1950円
6 コンピュータアーキテクチャ入門
　　　　　　　　城　和貴著　2色刷・A5・本体2200円
7 オペレーティングシステム入門
　　　　　　　　並木美太郎著　2色刷・A5・本体1900円
8 コンピュータネットワーク入門
　　　　　　　　小口正人著　2色刷・A5・本体1950円
9 コンパイラ入門
　　　　　　　　山下義行著　2色刷・A5・本体2200円
10 システムプログラミング入門
　　　　　　　　渡辺知恵美著　2色刷・A5・本体2200円
11 ヒューマンコンピュータインタラクション入門
　　　　　　　　椎尾一郎著　2色刷・A5・本体2150円
12 CGとビジュアルコンピューティング入門
　　　　　　　　伊藤貴之著　2色刷・A5・本体1950円
13 人工知能の基礎
　　　　　　　　小林一郎著　2色刷・A5・本体2200円
14 データベース入門
　　　　　　　　増永良文著　2色刷・A5・本体1900円
15 メディアリテラシ
　　　　　植田祐子・増永良文共著　2色刷・A5・本体2500円
16 ソフトウェア工学入門
　　　　　　　　鯵坂恒夫著　2色刷・A5・本体1700円
17 数値計算入門[新訂版]
　　　　　　　　河村哲也著　2色刷・A5・本体1650円
18 数値シミュレーション入門
　　　　　　　　河村哲也著　2色刷・A5・本体2000円
別巻1 数値計算入門[C言語版]
　　　　　河村哲也・桑名杏奈共著　2色刷・A5・本体1900円

＊表示価格は全て税抜きです。

━━━━━サイエンス社━━━━━